南京师范大学出版社

图书在版编目（CIP）数据

小故事　大发明．冬 / 董淑亮著．-- 南京：南京师范大学出版社，2024.2

ISBN 978-7-5651-6020-2

Ⅰ．①小…　Ⅱ．①董…　Ⅲ．①创造发明－少儿读物　Ⅳ．① N19-49

中国国家版本馆 CIP 数据核字（2023）第 239619 号

书　　名　小故事　大发明（冬）
作　　者　董淑亮
策　　划　姜爱萍
责任编辑　仝玉林
出版发行　南京师范大学出版社
地　　址　江苏省南京市玄武区后宰门西村 9 号（邮编：210016）
电　　话　（025）83598919（总编办）　83598412（营销部）　83598009（邮购部）
网　　址　http://press.njnu.edu.cn
电子信箱　nspzbb@njnu.edu.cn
照　　排　南京凯建文化发展有限公司
印　　刷　盐城市华光印刷厂
开　　本　787 毫米 ×1092 毫米　1/16
印　　张　11
字　　数　114 千
版　　次　2024 年 2 月第 1 版
印　　次　2024 年 2 月第 1 次印刷
书　　号　ISBN 978-7-5651-6020-2
定　　价　35.00 元

出 版 人　张　鹏

写给小读者的信

（前言）

亲爱的小读者：

这是一套包含许多与发明创造有关的小故事的书，分春、夏、秋、冬四册。每天只需花 5 分钟，小朋友们就可以读完一个小故事，就像喝一杯有知识营养的牛奶那样。

一个人的阅读史就是智慧的成长史。读与不读，一定不一样！

每一个智慧，都有一段精彩的故事：

——筷子是人类手指的延伸，手指能做的事，它大都能做，且不怕高热，又不怕寒冻，真是高明极了。另外，筷子还精妙绝伦地应用了物理学上的杠杆原理。传说，它是大禹的杰作！

——风筝是人类最早的飞行器，后来有了热气球，有了用木头和布做成的飞行器。1903 年，莱特兄弟制造了世界上第一架真正意义上的飞机。从此，战斗机、运输机、客机等各种各样的飞机“悉数登场”。飞机的发明，让人类实现了“飞天梦”。

每一个智慧，都有一片奇妙的风景：

——有的智慧是“炼”出来的，如爱迪生为了寻找一根灯丝，试用 6 000 多种材料，做了 7 000 多次试验。

——有的智慧是“学”出来的，如华佗的“五禽戏”是模仿虎、鹿、熊、猿、鸟这五种禽兽运动的姿态创作而成的。

——有的智慧是“悟”出来的，如美国工程师斯本塞在研究雷达的微波时意外地发现口袋里的巧克力化了，想到用微波来给食物加热，发明了微波炉……

在人类追逐智慧之光的漫长征程中，我们遴选了最有趣、影响力最大的发明创造故事，小至拉链、绣花针，大到原子弹、互联网。每个故事都耐人寻味、发人深省、催人奋进。

小故事，大发明。

天天好故事，智慧伴成长！

您的大朋友　董淑亮

目录

从药方到美食

● 老百姓耳朵冻烂了，张仲景开了什么药方？ ●

大年初一的早上，家家户户都喜爱吃饺子：薄薄的皮，鲜嫩的馅，味道鲜美极了。一碗饺子下肚，浑身舒服。初一吃饺子，也有祈祝一年生活美满、顺利之意。因此，我国许多地方都称饺子为“弯弯顺”。其实，吃饺子的风俗最初是为纪念它的发明者张仲景的。

东汉末年，各地灾害严重。当时，医圣张仲景在长沙做官，有一次当地瘟疫大流行，他在衙门前的开阔地上支起了一口大锅，施药救人，深得百姓爱戴。后来，他告老返乡，继续行医。

有一年冬天，异常寒冷，家乡南阳的百姓缺衣少食，苦不堪言，许多人耳朵都冻烂了，流脓淌血……

“糟糕，冻坏耳朵的人越来越多。怎么办呢？”张仲景躺在床上辗转反侧。

“老爷，能不能像在长沙那样，在家门前搭一个大棚子救治百姓?”跟随他多年的一个弟子小声地提醒着。

张仲景深沉地点了点头。随后，他让弟子在一块空地上搭起医棚，架起大锅，在冬至那天向穷人施药治伤。

那么，施的是什么药呢? 药名叫“祛寒娇耳汤”。药的做法很简单，就是将羊肉、辣椒和一些祛寒药材放在锅里煮；煮好后，再把它们捞出来切碎，用面皮包成耳朵形状，叫“娇耳”。下锅煮熟后，弟子们把药连汤带食免费发放给生病的穷人食用。每人两只娇耳、一碗汤。这些耳朵冻伤的人吃了一碗祛寒的热汤后，血液通畅，两耳慢慢暖和起来。服用一段时间后，烂耳朵就完全治愈了。这也是一种食疗。

初一那天，人们为了庆祝新年和身体的康复，感谢张仲景的救治之恩，就仿照“娇耳”的样子做过年的食物，只不过用的馅不是药材，而是普通的青菜。从此，“饺子”诞生了。

转眼1 800多年过去，尽管“岁岁年年人不同”，但是“饺子”作为一种美食，将永远会在华夏人的餐桌上飘香。

【小档案】

◎ 春节有许多有趣的习俗，如：放鞭炮、贴春联、挂年画、吃汤圆、祭祖、守夜、给孩子压岁钱等等。几乎每一种风俗都有一段有趣的渊源。

立下战功的“涮羊肉”

● “涮羊肉”诞生于战场。为了让元世祖尽快吃上羊肉，厨师是怎么做的？ ●

在中华名小吃中，“涮羊肉”的发明无疑最为精彩，或者说，最为惊险。

传说有一年，元世祖忽必烈（一说成吉思汗）统帅大军远征。一场激战之后，他饥肠辘辘，非常想吃清炖羊肉。这是蒙古人最爱吃的家乡美味。于是，部下立即宰羊烧火。一会儿，一锅水烧开了，厨师正准备熟练地操刀割肉清炖的时候，探马风风火火地来报：

“报告大汗，敌军已经逼近我们的营帐。”

元世祖听了，先是一怔，随即命令部队立即开拔，可是吃肉心急的他，情不自禁地大喊起来：

“羊肉，羊肉！”

“马上到！”厨师随口答应。

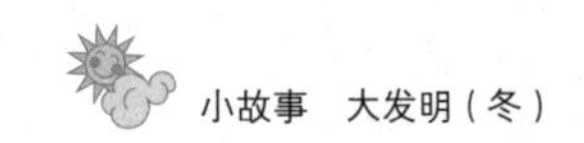

元世祖性情暴烈，吃不到肉也许会杀人。厨师急中生智，立即飞刀削下了一片片薄肉，薄肉片哧哧地落在了沸腾的锅里。然后，他拿起大勺子轻轻地搅拌起来，肉色一变，立即捞到碗里，撒上细盐、胡椒粉等，恭恭敬敬地端给了元世祖。

“好吃，非常好。”元世祖连吃几碗，飞身上马……

第二天，元世祖率领大军又一次载誉而归。在庆功宴上，元世祖再次想起了那道羊肉片，意味深长地说：

“这场恶战，那碗羊肉立功啦！”

于是，厨师精选绵羊嫩肉，切成薄片，再配上各种佐料，再次送给元世祖品尝。元世祖对这道鲜美可口的菜大加赞赏，并给这道菜赐了一个流传至今的名字“涮羊肉”。

从此，“涮羊肉”从军营走到了千家万户，成为寒风凛冽的冬天最吸引人眼球的著名小吃之一。

◎ 奶粉是蒙古大将慧元发明的。他把牛奶巧妙地进行干燥处理，使其成为粉末状，放在一个皮囊里保存和携带，作战时加入水挂在马背上，战马奔跑产生的震动使奶粉与水充分混合成为粥状，可以随时食用。

小巷深处的叫卖声

● 黄贵妃得了一种怪病，郎中开了什么药方？ ●

深冬的寒风中，悠长的小巷里，“冰糖葫芦”的叫卖声、木棍上插着的一串串漂亮光鲜的山楂果，构成了一道美丽的风景线。

是啊，谁这么聪明，想到把山楂果蘸着糖、芝麻等，串在一根细长的竹签上，让人拿在手里一颤一颤的、看得垂涎三尺呢？他是一位没有留下姓名的江湖郎中。

南宋时期的宋光宗赵惇（1147—1200）最宠爱黄贵妃。有一年，她患了一种怪病，茶饭不思，日渐消瘦。皇宫里的医生多次诊治，也没有什么疗效。眼见贵妃身体一天不如一天，皇帝看在眼里、疼在心里，只好贴出公告寻找民间高手来医治。后来，一位行走江湖的郎中揭榜进宫，他为黄贵妃诊脉后说：

“医治贵妃的病并不难。只要把山楂果与红糖煎熬，每次在吃饭前，吃 5~10 颗，半个月后，贵妃的病就会好起来。”

宋光宗听了，半信半疑，思虑良久，看看贵妃病入膏肓的模样，只好依从了：

“吃吧，好在这种吃法还合贵妃的口味。”

黄贵妃按照郎中的办法服用后，果然如期病愈。

山楂有消积食、散淤血等疗效。郎中正是利用山楂的这一特性来为贵妃治病的。宋光宗看到贵妃身体恢复如初，非常高兴，命令如法炮制，这种吃法就在皇宫中盛行起来。

多年后，这种吃法传到了民间。有一位厨师发现红糖煎熬后，又稠又黏，蘸着山楂果吃别有风味，灵机一动，用一根竹签串起来哄孩子：果实鲜红，甜中有酸，既好看又好吃。这就成了今天北方许多村镇街头巷尾叫卖的冰糖葫芦。

现在，冰糖葫芦的制造工艺经过不断改进，串起的不仅有山楂，还有海棠果、葡萄、麻山药、核桃仁、豆沙等。裹在上面的一层糖稀被冻硬，吃起来甜脆、冰凉，别有一番滋味。最终，冰糖葫芦成了一种很有名气的地方休闲美食，让许多老人和孩子，甚至青年人，都对它情有独钟。

【小档案】

◎ 冰糖葫芦已成了一种文化。20 世纪 90 年代的儿歌《冰糖葫芦》、2002 年的电影《冰糖葫芦》等作品，使冰糖葫芦更加艺术化地深入人心。

被遗忘的印度酱

● 桑兹勋爵为什么要找来化学家，专门制作印度酱，结果怎样？ ●

1835 年前后，在印度工作了一段时间的英国桑兹勋爵回国前，他的朋友们送来了一些珍贵的物品留作纪念：有的是洁白的象牙制品，有的是闪光的水晶，有的是贵重的玉器……

“能不能给我带些吃的？”桑兹勋爵笑着对手下的一位印度厨师说。

“哟，大人，您还愁一路上没有好吃的？”厨师哈哈大笑。

“我想带点你们印度的土特产，原汁原味的本地产品。”

“大人，您就直说吧，只要我能做到的。”厨师直截了当地说。

“没有其他的要求，不过就是你平时给我吃的那种印度酱。”桑兹勋爵有些不好意思地说。

这种印度酱口感很好，新鲜、甜嫩，夹杂着淡淡的辣味。

回国后，桑兹勋爵几乎每次吃饭都要用它来调味。可是，带来的酱有限，他便找伍斯特郡有名的化学家约翰·李和威廉·派林，请他们按照印度酱的配方，做些酱。

两位化学家拿着桑兹勋爵递给的一罐样品，进行了仔细的研究，然后照着配方购买了相关的原料，终于制成了“印度酱”。

桑兹勋爵迫不及待地品尝了一下，并没有眉开眼笑。原来，它的味道与印度酱相比，逊色许多。出于礼貌，桑兹勋爵只是微笑着说了声“谢谢”，便把这罐酱暂时放到了地窖里。原因很简单，不想吃又舍不得扔掉！

一晃又过了一段时间。有一天，桑兹勋爵到地窖里拿一件物品，无意间发现了那罐被遗忘的酱，心想：这么长时间了，味道会怎么样？随即，他轻轻地打开了那封闭已久的“印度酱”。想不到一揭开盖子，一股清香就扑面而来——原来，这酱已经发酵成熟，变成了辣酱油。他马上尝一尝，嘿，酸中有甜，又辣又鲜，味道比印度酱更好！

桑兹勋爵立即把化学家找来，要求按这种配方继续制作，并把这种酱命名为“伍斯特郡酱汁”。这种酱最终成了西方国家餐桌上深受人们喜爱的调味佳品。

◎ 在中国，辣酱油在沿海地区比较常见。1933 年，我国的梅林罐头有限公司第一次生产辣酱油，并使用了“梅林”商标。

插着公鸡尾羽的美酒

● 爱尔兰籍姑娘拜托斯，为什么用公鸡尾羽来戏弄客人？●

世界上每一种名酒的诞生，都有一段耐人寻味的历史。可是，像鸡尾酒这样具有美丽传说的，肯定不多。

1779 年，一个叫拜托斯的爱尔兰籍姑娘，在纽约大街开了一家酒店。当时，一些军人经常光顾这里，喜欢饮用一种叫作“布来索”的饮料。不知是饮料的兴奋作用，还是店主拜托斯长得漂亮，来喝酒的军人总是爱拿她开玩笑。

“我得好好教训这些大兵！”拜托斯在心里默默地想。

可是，她想呀想，不知从何下手：说吧，说不过那些军人的铜牙铁嘴；骂吧，有失大雅，而且坏了生意……

转眼又到了周末，她心里既高兴，又犯愁，怕那些军人拿她取乐。

“喔喔，喔喔……”正当她一筹莫展之际，邻家的一只大公鸡，气宇轩昂地走过来。

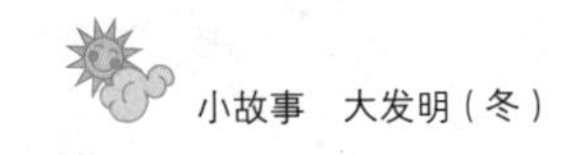

“看你兴奋的样儿！”拜托斯眼疾手快，随手揪下公鸡尾巴上的一撮鲜艳的羽毛。

刹那间，一个奇妙的念头掠过她的心头：嘿，那群爱斗嘴的军人多像这只大公鸡啊！

于是，她立即想到用公鸡毛来羞辱他们一下！

夜色刚刚笼罩大地，那几个经常光顾小酒店的军人吆三喝五地跑来了。几杯酒下肚，他们又开始拿拜托斯逗乐。

“来，来一杯鸡尾巴酒。”这时，拜托斯把几根鲜艳漂亮的公鸡尾羽，插在“布来索”杯中，并把隔壁房间里剩下的三五杯酒混在一起，递给了军人们饮用。

客人们见状，只觉得眼前一亮、格外美丽，个个端起杯来一饮而尽。

“好酒，好酒！”大家异口同声地说。

“鸡尾万岁。”一个法国军官冲动地高声喊道。

大家也跟着起哄，高呼“鸡尾万岁”。从此，以鸡尾羽毛来调和的、多种酒混在一起的“布来索”一夜成名，变成了流传至今的“鸡尾酒”。

◎ **鸡尾酒是由两种或两种以上的非水饮料调和而成，其中至少有一种为酒精性饮料。因此，它具有一定的酒精浓度，能使饮用的人兴奋，让人紧张的神经放松。**

用手推的斧头

● 用斧头把木料砍光滑，鲁班为什么会感到为难？ ●

“班门弄斧”这个成语中的“班”，指的就是能工巧匠鲁班。他的木工手艺很高，特别善于用斧头。

在刨子发明以前，要使木板平滑，大多是用刀斧之类的工具整平，效率极其低下。鲁班虽然使用斧头砍木料的技术很高，但是用斧子把木料砍得光光滑滑，仍做不到；特别是碰到木纹粗和疤节多的木料时，那就更为难了。

“怎样才能使木板既平整，又光滑呢？”为了解决这个问题，鲁班抡起斧头，砍来剁去，经常累得手酸臂麻，还浪费了许多木料。

有一次，他看见农人用耙子耙地，高低不平的地，用耙子能耙得平平整整的，从中受到了启发：

“能不能制成一种像耙子那样的斧头，在木板上推来推去，将不平的木板推平呢？”

按照这个思路，鲁班回到家，先磨了一把小小的薄薄的斧头，磨得很快，上面盖了块铁片，只让斧头露出一条窄刃，像耙子的耙齿。他用这把刀在木料上一推，嘿，木料被推下来薄薄的一层木片；推了十几下，木头的表面变得既平整又光滑。

“虽然比斧头砍强多了，不过……”鲁班拿起木料端详半天，仍不满意，“这东西拿在手里推木头时，既卡手又使不上劲，能不能再改进一些呢？”

想到这，他皱起了眉头……

晚上，鲁班躺在床上，望着窗外，看到蓝色的天空里“镶嵌”着黄色的月亮，忽然想起，应该给它再做一个木座，把窄刃装在里面，这样就不会卡手了，使用起来一定更方便。后来，经过反复试验，刨子终于诞生了。

它可以把不平的木头刨平，把不光滑的木料刨光滑，对提高木工技艺很有帮助。至今人们还在广泛应用这项发明，并进行了进一步的机械化、电器化改造。

◎ 刨子是一种用来刨平、刨光、刨直、削薄木材的木工工具。它一般由刨身（刨堂、槽口）、刨刀片（也叫刨刃）、楔木等部分组成。

母亲给予的智慧

鲁班发明墨斗，母亲给了他什么帮助？

墨斗是我国古代木工行业的传统工具。要想在木材表面画线定位，它就是不可缺少的得力助手。那么，墨斗是怎么发明出来的呢？它的问世，虽然归功于鲁班，但也离不开母亲的帮助，是母亲赐给了他智慧。

有一天，鲁班的母亲在裁衣服时，先用一个小小的粉袋在衣服上画线，再拿起剪刀沿着粉线，咔吱咔吱地剪下去，一块布料很快就裁剪好了。

“呀，粉袋能在布上画线，能不能在木头上画线呢？”鲁班发现后，惊疑地望着母亲说道。

“能，当然能。不过，千万不能照葫芦画瓢啊！”母亲笑了笑说。

鲁班听了，恍然大悟：在木头上画线，用粉一会儿就没了，最好用木盒代替粉袋，用墨汁代替石粉，留下的痕迹才会清晰、持久。

不久，善于动脑筋的鲁班就发明了一个最简易的墨斗。

然而，他的这个墨斗在使用时，需要两个人来合作。每次弹线，都得请母亲帮忙，捏住墨线的一头。有时，母亲正在做衣服或煮饭，也不得不停下来，赶过来帮忙，很不方便。

“虽然线画得直了，但是这也太不方便了，每次都要我来帮你。”一天晚上，鲁班又叫母亲过来帮忙，正在做针线的母亲放下手中的活，对他认真地说，“能不能动一动脑子，做个小钩子钩在木头的一端，不就可以代替我捏着墨线了吗？”

“对呀！母亲，您怎么不早说呢？”鲁班一听，既愧疚不安，又十分惊喜。

在母亲的提示下，鲁班经过不断摸索，设计出了一个小弯钩，拴在木头的一端，做木工活需要放线的时候，就可以用这个小弯钩钩住木头的一端，轻轻一捏、一提、一弹，木头上就会弹出深深的墨线来，再也不需要两个人来弹线了。

为了纪念母亲对他的帮助，鲁班把这个小弯钩称为“班母”。

从此，木工们爱不释手的墨斗诞生了，木工画线也终于告别了直尺和笔墨。现在，小巧玲珑的墨斗变得多种多样，有的雕刻着花纹，有的造型独特，成为木工手中富有艺术个性的工具。

【小档案】

◎ 墨斗前端的一个圆斗，早期是用竹木做成的，前后有一小孔，墨线从中穿过。小孔里填有蚕丝、棉花、海绵之类的蓄墨的材料，倒入墨汁后可以短时间保存起来，木工们称它是墨仓。

妙手扶斜塔

● 宝塔修好了，富翁为什么要责难修塔的木工？ ●

有一天，鲁班来到了苏州城里参观这里的古建筑，在茶馆古塔间流连忘返。忽然，前面传来了一阵嘈杂声，只见一片绿地上斜立着一座高高的宝塔。宝塔前一位身穿绸缎、腰系香袋的富翁正厉声地喝问着一个汉子：

“要么你给我重新修建，要么你给我把宝塔扶正。否则，我饶不了你，非把你送到官府惩办不可！”

“大人……要是推倒重建，我就是卖儿卖女也无法把这宝塔建起来呀！”那位中年汉子半跪在那儿，一手抱着头，神情沮丧地说。

“不行的话，你就给我把宝塔扶正啊！”那富翁气冲牛斗。

原来，那位富翁是当地的“名流”，为了积善行德，准备修建一座宝塔，流传千古。可是，这位工匠用了近三年的时间，精心修造，花费了许多木料和人工，想不到建起来的宝塔虽然看上去很壮观，却向一边倾斜了。富翁见了，认为有损自己的功德，便找工匠算账。

鲁班知道了事情的来龙去脉，立即拨开人群，对宝塔仔细地观察了一番，然后，轻轻地拍了拍工匠的肩膀说：

“你不用太着急，只要你找点木料来，我有办法来扶正它。”

“真的？”那位工匠喜出望外。

“没问题。我一个人，一个月的时间就差不多了。”鲁班非常自信地说。

那位工匠半信半疑地回家弄来了木料，耐心地等待着。

原来，鲁班看到这宝塔只向一边倾斜，决定用木楔来慢慢扶正。于是，他把木料砍成一块块带斜面的小木楔，而后把它一块块地向宝塔倾斜的那一边的下面塞。这样，倾斜的那边就慢慢抬高了。鲁班起早贪黑，叮叮当当地敲呀敲。一个月以后，那宝塔果然直立起来。

那位工匠见了，佩服得五体投地。

从此，鲁班发明的“斜面打木楔”这一扶正斜塔的方法，成了木工的祖传绝活儿。

◎ 宝塔全部是木质的，各个部件之间拉扯得比较结实，形成了一个有机整体，打木楔能起到“四两拨千斤”的作用，得以让倾斜的那边逐渐抬升，从而避免影响宝塔的美观。

一个奇妙的“溜”字

● 在溜冰场边上，詹姆士为什么发呆？后来他怎么办的？ ●

早在 1100 年，猎人们为了在冬天也能打猎，将骨头装在长皮鞋底下，算是最早的溜冰鞋了。从此，人们对溜冰的激情始终不减。美国人詹姆士正是这样一位溜冰爱好者。

1863 年冬天的一个早晨，他又来到了一家溜冰场，由于手里没有钱，只能站在边上观望：

“多么美妙！”他默默地感叹着。

“为什么老想到溜冰场呢？到处溜达溜达不也一样快乐吗？”这时，一位朋友突然拍了一下站在溜冰场边发呆的詹姆士。

“是啊，为什么必须到溜冰场才能溜冰？如果能到处溜冰，那该有多好啊！”经朋友这么一点拨，詹姆士异想天开起来。

詹姆士职位低、收入少，生活的压力挺大。对他来说，只有星期天或节日，到溜冰场去溜冰，才是最开心的事。然而，他频频出入溜冰场，导致入不敷出了。

虽然冰天雪地的日子，可以在溜冰场享受优惠的溜冰，可是眼下，打折也买不起了，而且冬天就要过去，解冻后就更没办法在冰上玩乐了。幸好朋友的一个“溜”字，使他马上兴奋起来：

“溜冰溜冰，不就是一个溜字？想个办法在马路上溜来溜去，不同样有乐趣吗？”

于是，他开始研究怎样在马路上溜冰。有一次，他到商店买东西，玩具柜上的玩具汽车，真正启发了他的思维：

“要是在鞋上安装滚轮，在地面上不也能溜来溜去了吗？”

詹姆士非常高兴，回家后马上动手做了起来：在每只鞋子上安装了四个小轮子，可以做转弯、前进和后退等多种动作。样品做好后，他在马路上试验，效果很好，居然找到了溜冰场上那种刺激的感觉。

于是，他把这种带滚轮的鞋命名为“旱冰鞋”，并向专利局申请了发明创造的专利。后来，詹姆士发现了旱冰鞋潜在的市场价值，开办了一个溜冰场，将自己发明的旱冰鞋向更多的人推广。从此，旱冰鞋在年轻人当中迅速流传起来，滑旱冰成了当时最流行的活动，并逐渐风靡世界。

◎ 1760 年，伦敦的乐器制造商乔赛夫·马林发明了一双配有轮子的溜冰鞋。轮子很小，是用金属制成的。这种溜冰鞋的历史比旱冰鞋早得多。

一个梦·一封信·一个发明

● 古德意的朋友千里迢迢给他寄来一封信，信中写了什么呢？ ●

世界上很多发明创造，不一定是高深莫测的科学家做出的。橡胶是当今世界不可缺少的一种生产材料，它的兴起，归功于一个叫古德意的橡胶工人的不懈努力。

古德意是美国人，对橡胶研究很有兴趣，他脑海里时常会出现这样一个想法：

“要是能制造出一种夏天不黏，冬天不硬，像皮革似的橡胶该多好啊！”

他在心里苦苦地思索着这个想法，一直没有找到突破口。

有一天，一个远方的朋友给他寄来一封信，信中说，他做了一个梦，梦见古德意把硫黄掺进了生橡胶里，放在太阳光下暴晒，结果发明了一种新橡胶。

朋友可能觉得这个梦能对古德意有所启发，就从千里之外寄来这封信。读完信的古德意不禁流下了感动的泪水，心想：

说不定硫黄还真的能解决大问题呢！

于是，他立即投入试验。结果发现，橡胶质量有很大的提高，但一到夏天还是发软、发黏、变质。他又一次陷入了深深的迷茫之中……

一转眼，寒冷的冬天来临了。这天晚上，古德意坐在火炉旁，手里拿着一块生橡胶，呆呆地望着炉火……不知过了多久，他那拿着生橡胶的手，被火灼了一下，这才回过神来。这时，再看看手里的那块生橡胶，已经被火烧焦了。他用手捏捏被烧焦的生橡胶，发现橡胶中间很有弹力，心里一亮：

"橡胶发黏是因为太阳光温度低；橡胶烧焦是因为炉火温度高，中间部分不黏也不焦，而且富有弹性，这一定是因为温度合适的原因。"

根据这个想法，1839 年，他把适量的硫黄加入生橡胶里，经过 130 ℃到 150 ℃的高温加热处理后，生产出一种不仅耐磨，而且又富有弹性，像皮革一样软的橡胶产品。这种方法叫"橡胶硫化法"，并在 1844 年取得了专利。他也成了橡胶工业的创始人。

今天，在汽车轮胎和许多橡胶产品的生产中，这种硫化工艺是必不可少的，享受的正是古德意的发明成果。

◎ **橡胶具有绝缘、不透水、不透气等特点，广泛应用在工农业、国防和生活等各个方面。**

与海洋共生的涂料

● 奈特福博士发明了一种涂料后，人们为什么皱起了眉头？ ●

海洋中的贝壳类生物会从幼体开始就附着在船底上共生。它们附着在船上，使船体受损，同时增加航行的阻力。从古代帆船到近代铁舰上的船员都会对此深恶痛绝，却一直没有找到很好的解决办法。从抹桐油到用铲子铲等，很多种方法都没有把这一个看似简单的问题解决。

世界上很多有责任心的专家都参与到了这项研究中，希望帮助船只应对所面临的实际困难。荷兰鹿特丹海洋生物研究所的专家奈特福博士就是其中的一位。

起初，他发明了一种涂料，可是它含有一种使贝壳类生物致死的毒素，一段时间后，会影响到海洋中其他生物的生存。特别是一些仿制产品，毒性更强，极大地破坏了生态平衡。人们在享受着船底上没有贝壳类生物的快乐时，再一次皱起了眉头。

“这样下去，海洋迟早会死气沉沉的。”

很多人对这种涂料怨声载道，先前的赞许声全没有了。

“怎么会出现这种状况呢？”奈特福博士有苦说不出，本来辛辛苦苦发明出来的东西却换来了这样的结果，心有不甘啊！

于是，他决心发明出更好的涂料！他带领同事在广阔的浅海地区进行了大范围的搜索，终于在澳大利亚东岸的大堡礁地区找到了一片典型的非贝壳类活动区域。

“这里为什么没有贝壳类生物活动的踪迹？秘密在哪里？”他兴奋极了。

随即，他和同事们对海绵的生态和分泌物做了仔细的分析，发现了一种对贝壳类生物有极强麻醉作用的物质，可以驱赶贝壳类生物。于是，他们对这种物质进行了认真分析，利用仿生学原理，经过夜以继日的努力，发明了被称为TBT的海轮涂料。

这种涂料绿色、环保，不影响海洋生物的活动，却能发挥驱赶贝类的作用，实现了与大自然的和谐相处，受到了造船业的欢迎，成了一项闻名世界的发明。

【小档案】

◎ 贝壳经过稍稍加工，就可以用来制作贝雕、拼贴画和镶嵌刀柄等，成为生活中的亮丽风景。

从肥皂泡到平面玻璃

● 伏尔柯用肥皂洗衣服，突然发现了什么？ ●

大约在公元前8世纪，腓尼基人就意外地发明了玻璃。古埃及在公元前2000年左右已有使用玻璃做器皿的记载。公元前200年，巴比伦人发明了用吹管吹制玻璃的方法，接着这个方法传入罗马以及欧洲一些国家。可是，那种玻璃透光性极差，人们一直在寻找一种更透明的物质来代替它。即使到了14世纪，制造玻璃的工艺有了很大进步，用在窗户上的平面玻璃也仍没有问世。

19世纪初，比利时一家玻璃厂的工人伏尔柯开始思考这个问题。他想：能不能发明一种制造平面玻璃的机器呢？然而，这不是一件容易事，他多次试验也毫无结果。

有一次，他用肥皂洗衣服，由于水少肥皂多，那些五颜六色的肥皂泡弄得满衣服都是。当他把手从肥皂液中伸出来时，突然发现在手与肥皂泡之间形成了一层薄薄的泡膜。

“呀，真漂亮，晶莹光洁，像透明的玻璃一样。”他激动得自言自语，“玻璃液能不能形成这样的一层薄膜呢？要是也能形成这样的薄膜，是不是可以制成透亮的新型玻璃呢？”

想到这，伏尔柯决定试验一下。他拿起一块普通的玻璃浸到玻璃液中，然后一点一点地把玻璃往上提，结果，玻璃液就像肥皂泡那样被“提”了上来，而且玻璃薄膜呈现出了可爱的平面状。他激动不已，一下子想起了制造玻璃的好办法：从不同的角度“提升”玻璃液。经过反复试验，他发现提的速度不能太快，要不，玻璃膜就不呈平面状，而呈棒状的了。

根据这个发现，1827 年，他终于研制出一种新型的平面玻璃制造机。在这种机器的作用下，一块块平面玻璃被“拉”出来了。这项发明也为大规模生产廉价玻璃器具开辟了道路。

凝眸伏尔柯的发明，我们不禁会想到，许多人都用肥皂洗过衣服，又有几个人关注那层薄薄的肥皂泡？有谁能搞出一项造福后世的发明呢？可见，发明创造的机会就在身边，处处留心皆学问。

◎ 玻璃器皿先放进熔化的石蜡中浸一下，然后用刀划破蜡层刻成字或花纹，再涂上氢氟酸进行腐蚀。刮掉石蜡后，玻璃器皿上就有了字或花纹。化学仪器上的刻度就是用这种方法制作出来的。

飘动在风中的一缕游丝

● 日常生活中，尼龙有哪些用途？ ●

如果问：聚酰胺纤维是什么？许多人一定张口结舌，说不出来。可是，只要告诉你，它就是我们俗称的“尼龙”，你一定感到既熟悉，又兴奋。这是因为，生活中它简直是无处不在的：小到丝袜、帐篷、渔网、缆绳，大到传送带、地毯、降落伞等。那么，谁发明了它？这位科学家叫卡罗瑟斯。

1928 年，32 岁的卡罗瑟斯博士受聘担任美国杜邦公司基础化学研究所负责人，任务就是研究合成纤维。可是，投入了大量的人力、物力后，一直毫无进展。

有一天，卡罗瑟斯让他的助手希尔博士继续做实验，当他用玻璃棒轻轻地搅拌聚酯时，突然发现了一个怪现象：

“哎，聚酯怎么会这样黏？”希尔发现玻璃棒下，挂着一根细长的丝线。

“这有什么大惊小怪的？一缕细线而已。”另一个同伴满不在乎地说。

可是，希尔并不认为这样，他用玻璃棒再次蘸了一下聚酯溶液，提起来一看，还是有一根细长的线挂在下面，像一缕游丝在微风里飘摇……

“这种细丝能不能做成合成纤维？”善于从细微之处发现问题的希尔，还是把这个“偶然现象”向卡罗瑟斯做了汇报。

“这种丝虽然结实，有弹性，可是在水中容易变质，生产出来的纤维也不能用。”那位同事不以为然地说。

“不过，我倒认为是个好兆头，再做些实验。”卡罗瑟斯紧握着希尔的手说，“机遇来得突然，谁抓得紧，谁就能成功。每一个重大发明都不是一蹴而就的，需要不断完善，最终才能造福人类。”

卡罗瑟斯的话给了大家很大的鼓舞。同时，他还安排科研小组联合攻关。

1938 年 10 月 27 日，卡罗瑟斯带领的课题小组对外宣布，他们终于合成了聚酰胺纤维。世界上第一种合成纤维终于诞生了，这就是后来被广泛应用的尼龙。而这项影响深远的发明的灵感正来源于那缕在玻璃棒下飘动的游丝。

◎ 1939 年 10 月 24 日，杜邦公司在总部所在地，第一次销售用这种纤维织成的尼龙丝袜，立即引起轰动。人们赞美它“像蛛丝一样细，像钢丝一样强，像绢丝一样美”。

罐头盒穿上了新外衣

● 小兰斯伯格为什么要改进喷漆技术，结果怎么样？ ●

在漫长的几个世纪里，油漆工离不开一把喷漆的刷子，依靠一刷一刷的涂抹，使物体有了美观、防锈的保护层。那么，是谁让喷漆技术实现高效自动化的呢？他就是兰斯伯格公司老板的小儿子，我们可以称他小兰斯伯格。

1931 年，在世界经济大萧条的时候，小兰斯伯格回到父亲的店铺当助手，跟着父亲学习喷漆。每天，他从早上 7 点开始，到晚上 7 点结束，都在给甜饼罐头盒喷漆，日复一日，机械而辛苦，却不能给父亲带来多大的财富。

“这样喷漆非常浪费，成本这么高，怎么能赚到钱呢？要想办法来改进喷漆技术。”他向父亲提出了自己的建议。

“改进技术？有那么容易的事吗？安心喷吧，老爸一辈子都是这样做的。”老兰斯伯格摇了摇头。

小兰斯伯格沉默了。

可是，他并不服输。在哥哥的帮助下，他结识了一位有学识和技术的朋友格林，并开始研究喷漆技术。后来，他硬缠着父亲花了35美元买来了破旧的X光机、铁器具、瓷器皿，在寒冷的小屋里整整搞了一个冬天，终于发明可以用较低的气压和10万伏的电压来进行一次性喷漆的新技术，并能节省三分之一的油漆。

遗憾的是，没有一家企业愿意在自己的喷漆室里通上10万伏的高压电，他们都觉得手握这种喷漆枪太危险，是拿生命在开玩笑。小兰斯伯格没有气馁，相反，他还加快了改进的步伐。

有一次，他的工程师斯塔克用普通的油漆刷涂一个高压线柜时，突然，高压电源打开了，当油漆刷移到离柜子还有大约10厘米的时候，一种雾状的油漆从刷子上飞快地向柜子喷去！无意间打开的高压电源导致了这一奇特的现象的出现，这让小兰斯伯格想到了格林曾向自己讲过的静电现象。

于是，他立即改进喷漆的方式——用静电使油漆雾化，就不用冒着手握喷枪触电的危险了。静电喷漆技术的发明，让罐头盒穿上新外衣变得安全、快捷，父子俩乐得眉开眼笑，还成立了属于他们自己的公司。

◎ 据测算，从1951年到1981年，美国的兰斯伯格公司因为静电喷漆技术的发明和应用，赚取利润高达20多亿美元，成为一家知名的企业。

打气球的大炮

● 普法战争中，法国内政部长是怎样“飞”出包围圈的？ ●

军事爱好者如果回眸一下，20 世纪中期的朝鲜战场、越南战场的那些影视画面，最吸引眼球的，恐怕还是惊心动魄的地对空作战：随着高射炮的持续对空射击，战机就会冒着黑烟一头栽了下来……

其实，高射炮的诞生，并不是用来打飞机的，最早是用来打气球的。

1870 年 7 月，普法战争爆发。9 月，普鲁士派重兵包围了法国首都巴黎，把巴黎同外部的一切联系全部切断，使巴黎成了一座孤城。10 月，法国政府找来几个核心人物密谋突围计划：

“必须冲出巴黎，在外围实施反包围，这样才能解救巴黎。”

“怎么冲出去？除非你插上翅膀飞出去。”

顿时，一个念头像一道闪电划破黑暗的夜空。他们果真想到“飞”出去的办法——乘坐气球越过普军防线。随后，内政

部长乘上气球，悄悄地飞过敌人的防线，到达距巴黎200多千米的都尔城，组织新的作战部队，并通过气球与巴黎保持联系。

当时，眼看着气球从头顶慢悠悠地飞过，普军将领却无可奈何。不久，普军总参谋长毛奇下令，让机械师研制专门打气球的火炮，切断巴黎与外界的联系。

过去，火炮是向前方打炮弹的，摧毁的是固定的、前方的目标，而这一次攻击的对象是移动的、位于空中的。这确实给机械师制造新火炮出了道难题。好在情急出智慧，普军的机械师不辱使命，很快把这种炮造出来了：火炮装在可以移动的四轮车上，口径是37毫米，由几个士兵操作，可以随着目标改变射击的方向和位置。当时，这种炮曾打下不少气球，因此士兵们叫它“气球炮”。其实，它就是高射炮的雏形。

1906年，德国爱哈尔特军火公司受“气球炮”的启发，根据飞机和飞艇的特点，研制出打飞机、飞艇的火炮，世界上第一门高射炮正式诞生。

现在，高射炮的智能化程度越来越高，配备了雷达或光电火控系统，已成为抗击低空目标的重要兵器之一。

◎ 第一次世界大战中，仅在德国战场，高射炮就击落飞机1 590架。第二次世界大战中，被高射炮击落的飞机，约占各国损失飞机总数的一半。

一个飞行员的传奇

● 尤金·伊利驾驶飞机在甲板上起飞，为什么是技术和意志的挑战？ ●

航空母舰的发明与一个飞行员的传奇故事紧密相连。可以说，在航空母舰发展的里程碑上，永远刻着尤金·伊利这个名字。

1910 年 11 月，飞行员尤金·伊利和他的飞机停泊在美国东海岸的“伯明翰”号战舰上。战舰的甲板上只铺了 26 米长的木制跑道，尤金·伊利驾驶的 60 匹马力的民用飞机，如果滑行距离太短，速度不够，将会发生机毁人亡的悲剧。这确实是一次技术和意志的挑战。

胆大心细的尤金·伊利发动飞机在跑道上滑行，眼看 26 米就要跑完，在飞机和跑道分离的一瞬间，飞机一头扎向了大海，仿佛悲剧就要发生，奇迹却突然出现：凭着娴熟的技术和优秀的心理品质，化险为夷，他将飞机升了起来。

人类驾驶飞机在军舰上起飞第一次获得了成功。

两个月后，尤金·伊利驾驶的飞机在有36米跑道的巡洋舰“宾夕法尼亚号”上两次试飞成功。这足以证明，只要将军舰设计得合理，完全可以把军舰与飞机这两种武器结合起来，形成海空联动，既可攻，又能防！这就是航空母舰的最初创意。

后来，航空母舰的发明虽然与美国人失之交臂，但是飞行员尤金·伊利试飞成功极大地刺激了当时海上强国英、法、日。他们相继投入人力和物力对航空母舰进行了研制。1917 年 6 月，英国将一艘巡洋舰改装，称为“暴怒”号，载机 20 架，但是原巡洋舰中部的建筑未拆除，飞机起落既不方便又很危险，实用性不强，这只是航空母舰的雏形。

1919 年，日本人吸取了英国人的经验教训，由军方设计和制造了第一艘航空母舰。这艘航空母舰可载飞机 21 架，排水量 7 000 多吨，航速每小时 25 海里。因此，日本人戴上了发明第一艘航空母舰的桂冠。

随后，英、美、法等国家相继建造了多艘航空母舰，但时至今日，人们谈起航空母舰的发明时，还不忘把它归功于美国飞行员尤金·伊利。

◎ 1941 年 12 月 7 日清晨，从 6 艘航空母舰上起飞的 354 架日本飞机袭击了珍珠港的美国太平洋舰队，导致美国太平洋舰队除航空母舰外几乎全军覆没。这一战使航空母舰一鸣惊人。

赛场上跑出的“魔鬼”

● 第一颗氢弹爆炸后，产生了怎样的巨大威力？ ●

1927 年的一个晴朗无云的日子，德国乔治亚·奥古斯塔大学的豪特曼斯和阿特金逊来到小河畔，坐在林荫下兴致勃勃地谈论悬挂在头顶的太阳：

“太阳为什么能够亿万年永远不停地放射着光芒呢？”

“是啊，难道太阳里的能量永远烧不完吗？”

“太阳中含有大量的氢和不少氦，是不是与这两种元素有关呢？”

“是不是这两种元素在高温、高压下能够不停地起反应，所以太阳才有那么高的温度？”

“嗯，也许吧。”

“如果有一天，人类也能利用这样的反应，那就不用为能源发愁啦！”

两个年轻的大学生，你一言我一语地畅谈着。他们的猜测，为原子弹的研制提供了理论基础。科学家认同聚变反应的条件是要具有类似太阳表面的高温和高压。

原子弹的研制成功是很多科学家合作的结果。爱因斯坦最先提出了理论，然后一些欧洲物理科学家研究出核裂变技术，最后美国的物理科学家奥本海默领导大批欧美科学家和技术人员合作，于1945年制造出了美国第一枚也是世界上第一枚原子弹。

然而，人类的欲望是无边的。不久，美国为了赢得核战争的主动权，与苏联展开了一场军备竞赛，命令科学家爱德华·特勒领衔搞起了氢弹。

当时，作为“氢弹之父”的特勒，得到了芝加哥大学的物理教员加尔文博士的鼎力相助。1950年，这位年仅23岁的教员加盟了特勒的攻关队伍，解决了设计方面的一些具体问题，迅速推进了氢弹的研制步伐。

1952年11月1日，世界上第一颗氢弹终于研制成功，并在太平洋的一个珊瑚岛上试爆，随着巨大的蘑菇云冲天而起，整个小岛化为乌有，海底炸开了一个直径约2 000米、深50米的火山口。据测定，这枚氢弹所释放出的能量是投放在广岛的原子弹的150倍。

这么有能耐的武器，人类能用它来照明，还是发电？仅作为一项巨大的发明，来标榜人类的智慧？或许有一天，我们有本领用它爆炸时产生的能量来造福人类？除了战争，还有其他的用途吗？爱好和平的人说，它是赛场上跑出来的“魔鬼”。

【小档案】

◎ 第一枚试爆的氢弹最里面的是普通炸弹，装的是普通TNT炸药，中间部分是铀235等核裂变原料，最外面一部分才是真正的氢弹，装的是重氢等核聚变原料。

没有驾驶员的飞机

● A. M. 洛教授研制的无人机试飞时，为什么“太神奇”？ ●

人类真神奇！想想看，在乌云翻滚的恶劣天气里，竟然有飞机在没有驾驶员的情况下，像无畏风雨的海燕那样，在天空飞翔：有的穿云破雾，拍摄照片；有的甘愿牺牲，为友机充当诱饵……这就是无人机！

1914 年，第一次世界大战正打得热火朝天。英国的卡德尔和皮切尔两位将军，经过深思熟虑，向英国的军事航空学会提出了一项建议：

“能不能搞出一种不用飞行员驾驶的小型飞机？”

“是啊，如果成功，可以减少许多飞行员的伤亡啊！”军事航空学会理事长戴·亨德森爵士十分赞赏将军们的奇思妙想。

随即，他指定 A.M. 洛教授率领他的团队实施这一计划。为了保密，它被称为“AT 计划”。1917 年 3 月，飞机设计师杰佛里·德哈维兰经过无数次设计、试验，终于开发出一种小型无人机。想不到，这架飞机在试飞时，刚起飞不久，发动机突然熄火，没有动力的飞机一下子失控，一头栽了下来。不久，他又研制了第二架无人飞机，试飞时也像一只受伤的大鸟，发动机再次熄火，竟然坠毁在人群中……

至此，专家们对“AT 计划”失望了，不得不无奈地收起一卷卷浸满心血的设计图纸。可是，A.M. 洛教授不甘，心想：

“既然发动机有问题，那就在发动机上做文章。”

随后，这位教授认真查找了无人机失败的原因，以超人的毅力，不断攻克一个又一个技术难关，历经 10 年，在 1927 年终于发明了世界上第一架无人机。

这架无人机可以装载 113 千克炸弹，以每小时 322 千米的速度飞行。试飞那天，引起了极大的轰动，谁也没有想到，没有驾驶员的飞机，竟然成功地飞行了 480 千米，这简直太神奇了！这就是著名的“喉”式无人机，它是在英国海军“堡垒”号军舰上飞上蓝天的！

“喉”式无人机飞上蓝天的这一天，被永远载入了无人机的发展史册！

◎ 如今，无人机可以像普通飞机那样着陆，也可以通过遥控，用降落伞或拦网回收，被广泛地用于空中侦察、监视、通信、反潜、电子干扰、救灾等。

野炊的启示

● 布劳恩怎样解决火箭在高空的燃烧问题？ ●

“我们如果不是抓到了第三帝国最伟大的科学家，就一定是抓到了一个最大的骗子。”这是美国步兵见到韦纳·冯·布劳恩的第一句话，他不敢相信这个30岁刚出头的年轻人，是著名的V2火箭的主要发明者。

原来，第二次世界大战即将结束之际，美国把布劳恩的名字列入战后所需搜罗的科学家名单之中。

布劳恩出生在德国的一个贵族家庭，从小受到过良好的教育。13岁时，他在柏林豪华的使馆区进行了他的第一次火箭实验，也因此被警察抓住，但这丝毫不影响他对火箭的兴趣。1934年，他获得物理学博士学位后，才得以专心致志地从事对火箭的研制。

这是一项难题堆积如山的工程。要让火箭飞得更高、更快，亟待解决的是怎样在高空缺氧的情况下，解决燃料燃烧的问题。对此，布劳恩好像走进了死胡同，一时迷失了方向。

有一天，外面刚下过小雨，一位朋友请他去野炊。

“哎，虽然空气清新，可是柴草无法点燃呀！”布劳恩无助地摇了摇头。

“带上酒精，不就容易点燃了吗？亏你还是搞火箭的呢！”朋友笑他是个“书呆子”。

在野外，虽然到处都是湿淋淋的，可树林里枯枝败叶多得很，浇上一些酒精，火柴轻轻地一擦，嘿，果然燃烧起来……

“酒精……燃烧……”布劳恩看着熊熊燃烧的火苗，激动不已，一个奇妙的想法像一道闪电从心头划过：让火箭也带上点“酒精”不就得了？

想到这，布劳恩放下手中的“美味”，直奔自己的实验室，马上找来液态氧、煤油和酒精等原料来解决火箭在高空的燃烧问题。

“成功啦，成功啦！”布劳恩欣喜若狂，“多亏这次野炊给我带来了启示啊！”

V2 工程起始于 A 系列火箭研究，由布劳恩主持，是 1936 年后在佩内明德新建火箭研究中心的重点项目。V2 火箭也是世界上第一种实用的弹道导弹，它的诞生，其意义可以与莱特兄弟发明的飞机相媲美。

【小档案】

◎ 韦纳·冯·布劳恩（1912—1977），先后为著名的 V1、V2 火箭的诞生、美国第一颗卫星的发射成功，以及第一艘载人飞船“阿波罗 11 号”登上月球做出过杰出的贡献。

咬定目标不放松

● 导弹是一个大家族。那么，大名鼎鼎的响尾蛇导弹是怎么发明出来的？ ●

科学家最善于向大自然学习。响尾蛇导弹的发明便是一个例证。

2002 年，美国海军专门举行了一场纪念仪式，纪念响尾蛇诞生 50 周年。是啊，在导弹家族，响尾蛇名气很大，曾经令无数战斗机飞行员闻风丧胆。

第二次世界大战结束后，美国人充分利用从德国获取的火箭技术，一心想在导弹技术上有新的突破。

1949 年起，美国福特航宇公司和雷锡恩公司开始研制近距空对空导弹，一批优秀的导弹制造专家开始废寝忘食地投入到工作中。在研究中，他们就巧妙地利用了生物学家的研究成果。

响尾蛇是一种眼睛已经退化到了几乎看不清物体的毒蛇，

可是只要有小动物在它的面前活动，就会被它准确、迅速地捕捉到，休想逃脱，即使像田鼠那样行动敏捷的动物也不例外。那么，它是怎样发现猎物的呢？原来，响尾蛇的眼睛与鼻子之间有一个小颊窝，对周围的热特别敏感，只要有 0.003 ℃的变化就能察觉出来，并能测定出它的方位。

于是，导弹专家们想，只要物体有一定的温度，不管温度有多高，都会向外界发射出一种看不见的红外线，而且，随着温度的高低不同，红外线的强弱也不同。这就像响尾蛇根据物体的发热来追踪猎物一样。专家们利用这个原理开始研制一种专门跟踪飞机的导弹——只要飞机的发动机在工作，每架飞机（尤其是喷气的战机）都会产生热量，导弹就能准确地瞄准它，跟踪它，直到炸毁它为止。这就是响尾蛇导弹发明的真谛！

在美国这两家公司的通力合作下，导弹专家们经过数年的努力，终于在 1953 年把这种新型的导弹试射成功。为了保密，美国人直到 1955 年装备空军后才称它为“响尾蛇导弹”！

响尾蛇导弹是美国研制的一种近距红外制导空对空导弹，是全世界第一种投入实战并有击落飞机纪录的空对空导弹。

◎ 后来，美国人又发明了 10 多种改进型的响尾蛇导弹，先后在越南战争、马岛冲突和海湾战争等投入使用。响尾蛇导弹在实战中被不断改进。如今，其最新型号已经服役。

夜蛾送来的礼物

● 隐形战机的发明灵感，来自哪一种昆虫？ ●

隐形战斗机是指雷达一般探测不到的战斗机。它的原理是指战斗机机身通过结构或者涂料的技术改进使得雷达反射面积尽量变小。隐形战机的发明改变了人类的空战史，美国从 20 世纪 70 年代开始研制，有的科学家称隐形技术的问世，其意义相当于当年的原子弹。

1975 年，美国政府实施代号“ADP”计划，即著名的“臭鼬工程”。美国的洛克希德公司在高度保密的情况下悄然启动这项工程，希望能够研制出一种各类探测器都无法发现的隐形战机。

专家们在研制中首先想到了其貌不扬的夜蛾：在茫茫夜幕下，蝙蝠利用它的声波定位本领，贪婪地捕捉一些喜欢在夜间活动的小昆虫，可是一只只夜蛾总能安然无恙地避开它的追杀。这是为什么呢？参与研制的生物学家揭开了谜底：夜蛾的身上有一种感觉绒毛，能避开蝙蝠的“回波”。

于是,“臭鼬工程”的专家们决定先从外形上入手,改变现有飞机的外形,以减少回波的强度:他们把飞机的机头由钝头形改为尖锥形,将座舱与机身融合;同时,去掉外挂武器、吊仓和副箱等外挂物。这样,整个飞机的造型就像一只宽大的黑色蝙蝠,尾翼呈燕尾形。接着,工程师们在飞机的身上涂了一层吸波材料,让照射到飞机身上的雷达波,转化成热能散发掉,这就像夜蛾身上的感觉绒毛!

有了这个“蓝图”,美国的这家航空科技公司,于1981年6月研制的第一架原型机试飞成功。通过试飞,美国的相关军事研究机构又不断地改进这种飞机,1983年10月开始装备到美国空军的飞机上。

这种飞机在外形、结构、材料等方面综合运用了隐形技术,能巧妙地躲避雷达和红外线等探测器的追猎,被军事爱好者戏称为“夜蛾送来的礼物”。隐形战机在后来的空战中屡建奇功,被形象地比喻为“空中幽灵”。

◎ 1991年,海湾战争爆发,美国的F-117A隐形战斗机悄然越过伊拉克边境,对其境内的80个重要军事目标实施了措手不及的打击,伊拉克的防空雷达成了“瞎子”。

迟到 30 年的专利证

● 古德的奇思妙想中，激光有哪些作用？ ●

激光是 20 世纪以来继核能、电脑、半导体之后，人类的又一重大发明，被称为“最快的刀”“最准的尺”“最亮的光”。激光的原理早在 1916 年已被著名的犹太裔物理学家爱因斯坦发现，但是，提出激光具有实际应用设想的是另一位美国科学家高尔登·古德。

1957 年 11 月 9 日是个星期六，37 岁的青年科学家高尔登·古德由于看书太晚，直到深夜也没有入睡。后来，刚入睡又被一场噩梦惊醒，“啪”，他拉亮了电灯，刹那间，一个灵感在心里产生了：

电灯发出的光为什么会是白色的，要是换成别的颜色还会这样刺眼吗？按照这个思路，古德的心里对光产生了一连串的奇思妙想。他参加过著名的“曼哈顿工程”，对原子弹爆炸产生的耀眼的光，一睹不忘，希望有一天人类对这些光能够开发利用，不让它被白白浪费掉……这一夜，他彻夜无眠，在心里勾画着光的用途。

星期三的早晨，古德来到了住所附近的一家糖果店，找到了老板：

“老板，你给我当个公证人吧。”

“哈哈，大教授，你要我当什么公证人？又有什么要公证的？”糖果店的老板十分不解。

“你看，你来看我的笔记本。”古德打开了记录得密密麻麻的笔记本，认真地说，“我想，光能够集成一束束的，就会产生力量，产生一种神奇的力量。”古德有些激动了。

“慢点说，教授先生，到底能有什么力量？”糖果店的老板也被古德的描述打动了。

“把光变成光束，就可以用它来切割，用它来加热物质，测量距离……甚至还可以用它来当刀，一把肉眼看不见的锋利的刀，为病人做手术……”古德激动地说，“你就给我来证明，这些奇思妙想是我最先想出来的，是我的专利。”

糖果店的老板从头到尾仔细地看了一遍，高兴地点了点头，并在古德的笔记本上写下了自己的名字和日期。

可是，古德做梦也没有想到，他为了这个发明专利几乎耗费了半生的心血——30 年，每一次向政府申请专利权，都因这不是一项实质性的发明而被拒绝，直到 1989 年，他的关于激光应用的“金点子”才获得了专利，成为世界上第一个设想对激光实际运用的科学家。

◎ **激光“产品”目前在世界上已经被广泛运用，包括用激光焊接、杀死皮肤癌细胞、制作制导武器等。**

建在太空的“家”

● “阿波罗”登月计划中，成功登月的宇航员说了什么？ ●

每一个国家、每一个历史时期，开拓生存空间的大小决定了他们的政治地位。19 世纪以来，人类航天史的前几十年，都处在美国和苏联这两个大国之间的竞争中。其中，人类把“家”——空间站，建在茫茫太空，是一个漫长的艰苦奋斗的过程，是一步一个脚印走出来的，也是一项了不起的伟大发明创造。

空间站概念的提出可以追溯到 1869 年，当时埃弗雷特·黑尔为《大西洋月刊》撰写了一则关于“用砖搭建的月球”的文章。此后，康斯坦丁·齐奥尔科夫斯基和赫尔曼·奥伯特也对空间站进行过设想。

1961 年 4 月 12 日，苏联宇航员加加林第一个进入太空，举世震惊，赫鲁晓夫在联合国会议上得意地用鞋子敲着桌子大喊起来。这是人类走向太空的第一步。

美国人坐不住了，朝野上下都深感被苏联抢先一步有损美国的形象。1961 年 5 月 25 日，肯尼迪总统向全世界宣布，实施雄伟的“阿波罗”登月计划。全国各界纷纷献计献策，投资 240 亿美元，用了 8 年时间，终于梦想成真，登上了月球。当时全球电视直播，亿万观众目睹了美国国旗插上月球，听到了阿姆斯特朗那句感动世界的名言：“对于一个人来说，这只是一小步；但对于整个人类来说，这是跨出了一大步。”

这是人类走向太空的第二步。

随后，苏联在与美国的太空竞赛中不甘心落败，决心建设空间站来展示他们的航天实力和开发太空资源实力。1971 年，苏联的“礼炮 1 号”成功发射升空，它是人类历史上首个空间站。不幸的是 3 名航天员于 1971 年乘“礼炮 1 号”上的“联盟号”飞船返回过程中，由于返回舱上平衡阀异常打开造成返回舱失压，导致 3 名航天员全部死亡。

1973 年，美国紧随其后发射了“天空实验室号”空间站。空间站携带了一系列的望远镜，科学家在上面做了许多关于医药、地质和天文等方面的科学实验。宇航员可以长年在舱内生活，像在家里一样舒适自由。

这是人类航天史上最值得骄傲的一步，也是探索太空奥秘的征程中最伟大的发明创造成果之一。

【小档案】

◎ 1995 年 6 月 29 日 12 时 55 分，美国的航天飞机与苏联的“和平号”空间站完成对接，并且共同飞行了 6 天，两国拉开了建立“阿尔法”国际空间站的序幕。

让回忆在瞬间定格

● 当斯开夫用手枪式照相机对准女王时，闹出了什么笑话？ ●

照相机的发展是一个漫长过程，每前进一步，都要付出汗水和劳动，这也是发明创造告诉我们的最为朴素的道理。

早在2 000多年前，我国的韩非子就曾记述过这样一个故事：有一个人请画匠为他画像，可是3天以后他看到的只是一块木块，因而勃然大怒。

“别急，请你修一座不透光的房子，在房子一侧墙上开一个大窗户，你就可以看到对面墙上你的画像啦！”这位画匠胸有成竹地说。

画匠说得有板有眼，这个要求画像的人也只好将信将疑地照着这样做了。果然，墙上出现了自己的“画像”——当然，这画像是倒立的。这就是物理学上的“小孔成像”原理。

照相机正是根据这一原理发明的。16世纪，意大利画家根据这一原理，发明了一种“摄影暗箱”，具有了照相机的某些特征。但是，它并不能把图像记录下来，还要用笔把投影的像描绘下来，这只能叫投影，不叫摄影（照相）。

19世纪上半叶，法国的路易·雅克·芒代·达盖尔发现了一种特别先进的感光材料——碘化银，用它做成银版感光片进行感光处理能够较好地显现出图像来。至此，世界上第一架有实际意义的照相机问世了。

不过，那时候的照相机很笨重，体积大，搬运不方便，由于没有发明电灯，照相要选择晴朗的天气，要让照相的人在镜头前端端正正地坐上半个小时。为了使自己姿容永留人间，达官显贵们还是要耐着性子等待的。

1858年，英国斯开夫发明了一种手枪式胶版照相机。有趣的是，斯开夫用这种照相机为维多利亚女王照相时，曾闹出了一个大笑话。当斯开夫用照相机对准女王时，她的卫士蜂拥而上，将他“一举擒获”。事后才知道，那“凶器”竟然是照相机。

1946年，兰德和宝利金发明了“一次成像”的照相机。拍摄一张照片，只需要短短的几十秒，“让回忆在瞬间定格”成为现实。

后来，科学家又发明了不用胶卷、清晰度高的数码照相机。

◎ 1993年，有人将10 000页资料储存在一块仅有1厘米厚的碳酸锂晶体中。这就是神奇的全息照相。

木偶“比尔”的奇遇

● 发明电视的贝尔德经受了哪些磨难？小伙子为什么会“吃惊地喊叫”？ ●

电视还称不上“百岁老人”，可是自它诞生的那天起，就以强大的生命力冲击着我们的视听世界：从黑白到彩色、从模拟到数字、从球面到平面……那么，第一个上电视的是谁呢？它是一个叫比尔的木偶。

1925年，不足20岁的英国青年苏格兰人约翰·洛吉·贝尔德大学毕业后在一家电气公司工作。他为了研制电视，将自己仅有的一点财产也卖掉了，在苏格兰建造了一间非常简陋的实验室。可是，他没有实验经费，没有设备，只能自己动手用一些从废物堆里捡来的电动机、茶叶箱、透镜等代替。后来，他的生活陷入了窘境，没有钱吃饭，没有钱租房，穷困潦倒至极，只好忍痛卖掉一些设备的零部件来维持生活。好在天无绝人之路，老家的两个堂兄弟知道他的糟糕境遇后，寄来了500

英镑，使他“起死回生”。

这一年的10月2日，终日陪伴他的木偶比尔的脸被清晰地显现在接收机上：比尔成为第一个上电视的“人”，成为木偶中最大的奇遇了！

贝尔德激动地大叫着，直奔到楼下，一把抓住店堂里的一个小伙子，将其拉到楼上，硬按在比尔的位置上。小伙子吓得不知所措。几秒钟后，他在贝尔德的接收机里看到了自己的脸，才吃惊地喊叫起来：

“天呐！真是奇迹！”

这一天，成为电视的生日，贝尔德也成了“电视之父”。

1928年，贝尔德把伦敦转播室里的人像传送到纽约的一部接收机上，不久，又把伦敦一位姑娘的图像传送给远洋航行的未婚夫……当然，对木偶比尔来说，让自己的形象横跨大洋，远播千里，已经不再是梦想了。

同年，美国的RCA电视台率先播出第一部电视片。至此，人类终于迎来了电视时代，我们的生活、信息传播和思维方式因电视而改变！

◎ 1958年，我国第一台黑白电视机在天津712厂诞生。1970年12月26日，我国第一台彩色电视机在同一地点问世，也拉开了我国彩电生产的序幕。

在塑料带上录音

● 听了堂兄的话，卡姆拉斯为什么会难过起来？ ●

怎样使声音留存并再现呢？爱迪生发明的留声机，为人类圆了这个美梦。除此而外，录音机的发明史上，还有一串闪光的名字，如：1898 年 12 月 1 日，丹麦的波尔森发明磁性录音机；1925 年，贝尔研究所 J.P. 马克斯菲尔德采用“电气灌片”，唱片录音步入“电气化时代”，后来又制成钢丝录音机；1938—1940 年，德、日、美先后发明磁带录音的超音频交流偏磁法。可见，录音机发明的道路上，留下了许多发明家的足迹，而美国科学家马文・卡姆拉斯发明的磁性录音机（钢丝录音机）的故事就十分传奇。

卡姆拉斯从小就喜欢自己动手，制作各种有趣的小玩意，尤其对新奇的东西十分感兴趣。这种强烈的求知欲，使他对未知领域总是抱着满腔热情。他曾自己动手做过晶体管收音机，还自制过火花式发射机。但是，他对录音机的关注纯属偶然。

原来，他有个堂兄特别喜欢唱歌，连做梦都想当一名歌唱家。有一天，他和卡姆拉斯在一起玩，自言自语地说：

“要是我的歌声能录在唱片里该多好啊！”

“是吗？现在，用唱片录音有什么问题吗？”他皱紧了眉头。

“哎，太贵，咱们玩不起，再说，效果也不好。”

听了堂兄的话，卡姆拉斯也难过起来，他暗自思忖：能不能再想出别的办法呢？就这样，他开始对录音机产生了兴趣，并从 1937 年起，决定从改造录音机入手。

当时的录音机，音质差、信号弱、音量小。他用完整的磁圈作为磁头，让钢丝穿过线圈，并与磁圈保持一定间隔，这样就能利用钢丝周围的空气间隔进行录音。经过改进，这台录音机性能有了较大进步，声音变得逼真，音质更加优美。卡姆拉斯的堂兄在纵情歌唱后，再由这台录音机放出录音，“演唱水平”在一瞬间不知提高了多少倍。

可是，卡姆拉斯并没有停下探索的脚步。为了继续提高音质，他借鉴了当时发明家的一些成果，开始对不同材料进行试验，最后终于找到了较为理想的磁性材料：这是一种具有特殊性质的氧化铁粉。他把这些铁粉涂在塑料带上，放入磁场进行处理，制成了又轻又薄的塑料磁带录音机。这项奇妙的发明，简单地说，就是把声音录在一条长长的塑料带上，物美价廉，立即受到了人们的欢迎。从此，磁带式录音机走进了千家万户，成为一个时代的标志。

◎ 卡姆拉斯从录下堂兄的歌开始，先后取得了 500 多项发明专利。1979 年，他被授予“美国最佳发明家”的荣誉称号。

让电脑长记性

● “磁芯记忆体”是用什么材料制成的？ ●

没有存储器，电子计算机无疑是一个空壳。那么，怎样才能让计算机更好地存储信息呢？在很长一段时间里，许多科学家为它吃不好、睡不好，仍找不到好办法。直到美籍华人科学家王安发明了磁芯存储器，人们才真正松了一口气。

王安在中国长大，毕业于美国哈佛大学，1948 年加入霍华德·阿肯的“哈佛计算实验室”。他刚来到实验室，阿肯博士便让他研究制造一种新型的存储器。

这可是连阿肯博士本人都没有攻克的技术难关啊！从接受任务那一天起，生性好强的王安就一刻没有轻松过，时时觉得有一块大石头压在心中。不过，他是那种越有困难越要往前闯的人。不久，他在研究中发现，把磁针弯成圆环状时，让一根导线穿过，它的磁能就很容易形成，从这里便能够读出信息来。遗憾的是，读出信息时又破坏磁芯里原有的信息。

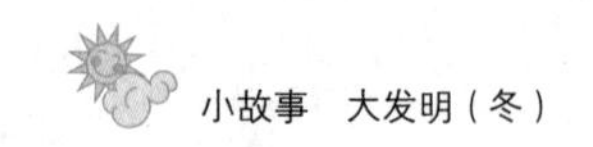

“能不能发明出一种更好的存储器，像磁带里存储声音一样可以反复读取呢？”王安绞尽脑汁，想在“不破坏信息”上寻找新突破。

可是，几个月过去了，王安被折磨得筋疲力尽，还是一无所获。

有一天，一位中国留学生来拜访他。闲谈中，这位留学生的一句中国俗语“旧的不去新的不来”，点燃了他心中的智慧火花：

“对，旧的不去，新的不来。我怎么没想到呢？为什么要死死地抓住‘不破坏’这个僵尸？破坏了又有什么关系呢？毕竟全部读写过程只要几千分之一秒啊，这不等于不破坏吗？”

按照这个思路，王安决定寻找新材料。1949年，他采用镍铁合金，制成了新式存储磁芯——“磁芯记忆体”，极大地提高了电脑的存储能力，实现了信息存取技术的重大突破，让电脑长了记性。

“对计算机事业来说，这是一项了不起的大发明啊！”阿肯博士爽朗地笑了。

事实也正是这样，王安发明的存储器在第一代、第二代电子计算机上发挥了关键作用，得到举世公认。

◎ 1951年，王安离开哈佛大学，以仅有的600美元创办了王安实验室，后成为“电脑大王”、美国五大富翁之一。1988年，王安被列入美国发明家名人堂。

告别“铅与火”

● 王选研究汉字输入技术时，为什么朋友说他是自讨苦吃？ ●

20 世纪 30 年代，西方国家的印刷术飞速发展，不断地吸收着电子、光学等领域的新成果。可是，汉字输入技术一直困扰着中国人，始终在“铅与火”的泥潭里徘徊。

1975 年，在北京大学担任无线电教师的王选开始关注汉字输入技术。教学之余，他趴在桌子上研究汉字，从每一个字的偏旁入手，分析出它的字根特点，然后画图、统计，希望能用几十个键把成千上万的汉字输入到电子计算机中。

“王选呀，想想看，英语只有 26 个字母，而汉字多达 6 万多，就是常用的也有 3 000 多个，这样大的阵容能进入小小的计算机吗？”一位关心他的朋友笑着说，“别自讨苦吃啦。”

“要是没有人解决这个难题，我们的汉字就永远与计算机无缘了。”王选忧郁地说。

“哎，你真是杞人忧天，玩计算机的人学英语不就得了。”

朋友继续劝着。

“那……那不会英语的中国人就不会计算机，不会计算机的中国人就很难跟上这电子时代啊！”王选说不下去了。

这时候，国家关于汉字照排系统的“748 工程”吸引了他。可是，国外的照排机已经到了第四代，参与研究的人，多数主张用第二代，王选却说要研究就研究国外正在开发的第四代照排机。也就是说，一步要跨外国人走了 30 年的路。

领导和与会的大部分专家都摇头了。

不久，传来了英国的蒙纳公司要占领中国的汉字激光照排系统市场的消息。

“天啦，我们中国人要用外国人的汉字照排机？”王选不敢相信这是真的——不能这样愧对祖先啊！

于是，王选加快了研制步伐，通宵达旦地向一个个堡垒发起了进攻。

1979 年 7 月 27 日，第一台用电子计算机“指挥”的汉字激光照排机问世。英国那家公司知道这个消息后，惊得目瞪口呆！

电子计算机控制的汉字激光照排机的诞生，成为汉字印刷史上的第二次伟大的发明，使中华文明进入了“光与电”的时代。

【小档案】

◎ **王选（1937—2006）两度获中国十大科技成就奖和国家技术进步一等奖，并获 1987 年我国首次设立的印刷界个人最高荣誉奖——毕昇奖，被誉为“当代毕昇”。**

追杀病毒的“金箍棒”

● 腿部残疾的王江民，童年里有什么耻辱和坚强的记忆？ ●

以前提起电脑，没有人不知道江民杀毒软件，也就没有人不知道王江民的。这个3岁起就腿脚不便、只有初中文凭的人，在杀毒软件王国里创造了不可思议的奇迹。

王江民腿部的残疾是3岁时小儿麻痹症留下的后遗症。这条伤残的腿，给他留下了许多痛苦、耻辱和坚强的记忆。小时候，他下不了楼，每天只能守在窗口，看大街上熙熙攘攘的人群。寂寞时候，他只能拿一张小纸条，一撕两半，将身子探出窗外，一捻，往楼下“放转转”以打发无聊的时光。当然，这位从小就倔强的人对于身体的残疾是“有感觉但不痛苦”。小学四年级时他就开始熬夜，把买来的零件装了拆，拆了装，竟然熬出双波段八个晶体管的收音机、无线电收发机以及电唱机等“小发明”。

长大后，他先在一家街道企业上班，后来，通过自学，专

门从事工控软件开发。当时，用户由于电脑感染病毒不能正常工作，就认为是他开发的软件不好用。于是，他下决心要解决病毒问题。

1992 年前后，市面上开始流行防病毒卡，各种防病毒卡多达几十种，但是这种卡只能防，相当于让病毒吃一个闭门羹，阻止病毒进入电脑程序里。

“堵是堵不住的，必须杀死病毒，来个斩草除根。”在一次研讨会上，王江民提出，“必须走杀病毒的路，否则电脑安全还是得不全保障。”

可是，与会的专家们都不置可否，甚至有人露出了鄙夷的目光。毕竟，王江民不是什么科班出身。好在他一路摸爬滚打，养成了从不服输的精神。于是，他一头扎进了对电脑病毒的追杀中，先用 Debug 手工杀病毒，跟着是写一段程序杀一种病毒，第一次编程序杀的病毒是 1741 病毒。后来，他相继开发了一系列杀毒软件，其中“江民杀毒软件”成了知名品牌，是千千万万个电脑专家们成功追杀病毒的金箍棒。

◎ **王江民（1951—2010），北京江民科技有限公司创始人兼总裁。1979 年，他先后研制了激光水准仪、激光手术机等，填补了我国激光科技多项空白，被评选为全国新长征突击手标兵。**

光，找到了快跑的通道

● 丁达尔发现“跳动在地面上的光斑”，为什么有巨大的意义？ ●

最早揭开光的传播奥秘的，是 19 世纪 70 年代英国科学家丁达尔。

1870 年的一天，丁达尔做了一个有趣的实验。他在一个容器的壁上钻一个小孔，然后装入大量的水，让水从小孔中流出。此时，将灯光射入容器内的水中，奇迹在突然间出现了：

“天啦，射入水中的光竟然随着水从小孔中喷出！”

他还发现，光同水流一起，呈弧线状落到地面上，水流弯曲，光线也跟着弯曲，直到在地面上形成一个光斑。后来，他反复做这个实验，都能看到地面上跳动的光斑。

“太奇妙啦，光也能传播。”丁达尔向他的朋友们得意地介绍。

“是吗？即使能传播又有什么价值呢？”其中的一位朋友遗憾地说。

是啊，丁达尔自己也无法做出更多的解释。

这样，关于“光的传播”这一重大发现便暂时被搁置起来，没有人来理会它，根本没有得到学术界足够的重视。

随着时间的推移，人们终于看到了丁达尔发现“跳动在地面上的光斑”的巨大意义和价值——原来，利用光的可传播性，能够用它来为人类传递信息。

1964 年，英籍华人高锟博士提出了光纤通信理论。他认为，电能在电线中传播，光也能在一种导体上传播，即在电话网络中以光代替电流，以玻璃纤维代替导线。

1965 年，在无数次实验的基础上，他提出当玻璃纤维损耗率下降到 20 分贝 / 千米时，光纤维通信就会成功。他也因此成为光纤通信的创始人之一。

根据高锟的光纤通信理论，结合丁达尔的发现，多位科学家联手，终于研制出一种光导纤维。这是一种特别细的玻璃纤维丝，光由一端进入，在内芯和外套的界面上经多次全反射，从另一端射出，它比钢还要坚硬，比铜还要柔韧，能够使光在里面以 30 万千米 / 秒的速度前进。光，终于找到了自己快跑的通道。

于是，光纤通信诞生了：它通信容量大，通信效果好，而且成本特别低。这一发明使人类的通信水平又跃上了一个新台阶！

◎ **中国也开始生产自己的光纤了。一条光缆可以同时容纳 10 亿人通话，也可同时传送多套电视节目。**

X+Y+Z=A

● 爱因斯坦提出的公式中，为什么要求“少说空话”？ ●

关于成才，阿尔伯特·爱因斯坦曾提出了一个著名公式，即 X+Y+Z=A，其中 A 代表成功，X 代表艰辛劳动，Y 代表正确的方法，Z 代表少说空话。他创立的相对论，几乎是家喻户晓，曾引起了经典物理学的彻底革命，堪称是一个划时代的伟大发明。

那么，什么是相对论呢？

为了说明相对论，他讲了这样一个故事：在未来的某一时间，有一对 20 岁的孪生兄弟，弟弟乘宇宙飞船以 29 万千米 / 秒的速度飞行，哥哥留在地球上。50 年后，当哥哥已经变成白发苍苍的老人时，却发现弟弟还是一个 30 多岁的年轻人！原来，对于乘坐光速飞船的弟弟来讲，才刚刚过了十几年！

呀，50 年和十几年是相对的，是穿越时空，这就是相对论。这些理论虽然不够通俗，不容易弄懂，但是它客观存在。

1879 年，爱因斯坦出生在德国南部的一个普通的犹太人家庭。3 岁时，他还不会说话，上学时经常因答不出老师的问题而遭到惩罚。可是，他特别爱思考，爱问“为什么”。

5 岁那年，爸爸为他买了一个小磁针。他在玩小磁针时问：“爸爸，这小针为什么总是要指示一个固定的方向呢？”

“孩子，那是磁力在起作用。”爸爸耐心地说。

“什么是磁力呀？”爱因斯坦又没完没了地追问起来。

爸爸听了，又接着讲了起来，可是，还是满足不了他的好奇心。他总觉得这小小的指针里面，一定藏着什么神秘的东西……

大学毕业以后，爱因斯坦在瑞士的专利局找了份工作，开始认真、系统地钻研物理学知识。同时，他也阅读了大量的哲学书籍，眼界大开，思想认识有了一个质的飞跃！他在这里一干就是 7 年，虽然穷得连一块手表都买不起，可是，他在这里埋头研究，于 1905 年完成了《论运动物体的电动力学》，创立了狭义相对论。10 年后，他创立了广义相对论。

相对论的诞生，极大地改变了人类对宇宙和自然的“常识性”观念，开创了物理学研究的新领域。

◎ 1905 年 3 月，爱因斯坦完成了光的量子性质论证，得出了光电效应的基本定律，并因此获得了 1921 年的诺贝尔物理学奖。

稀土不是土，获取如擒虎

● 在日常生活中，稀土金属能派上哪些用场？ ●

稀土元素，简称稀土，又称稀土金属，被美、日等国列为21世纪的“战略元素”，是高新技术工业的重要原料。如果没有稀土，世界将会怎样？我们每天看的电视，其鲜艳的红色就来自稀土元素铕和钇；外出携带的照相机，镜头里就有稀土元素镧；从矿物中提取的钕，能制造永久磁铁，也能生产电动汽车；天天使用的手机、计算机中也有稀土元素……有资料显示，当今世界每5项发明专利中便有1项和稀土元素有关。

我国有着世界上最大的稀土资源储备，但是生产技术掌握在国外少数厂商手中，使我们处于有资源却没技术得到稀土的尴尬境地。于是，摆在我国稀土化学的开创者徐光宪（1920—2015）面前的最艰巨任务就是发明一种新的方法，让中国人可以从稀土矿藏中开采并提取稀土。

这是一项“前无古人”的工作，正如顺口溜“稀土不是土，获取如擒虎”所说的那样艰难。因为稀土元素中，像镨和钕的化学性质极为相似，尤其是15种镧系元素，好像15个孪生兄弟一样，化学性质几乎一致，要将它们一一分离出来，那是十分困难的，而镨、钕的分离更是难中之难。

可是，徐光宪没有畏难。他一边学习和研究西方在这一领域的先进经验，一边不断建立自主创新的理论，废寝忘食，不舍昼夜，先后推导出100多个公式，终于发明了稀土的回流串级萃取方法。

这种方法有效吗？带着疑惑，他深入我国的四川牦牛坪、广东和江西等稀土资源密集的矿区进行调研，亲自到矿区一线做实验。在当时，一般萃取体系的镨、钕分离系数只能达到1.4~1.5，而他发明的方法使镨、钕分离系数打破了当时的世界纪录，达到了4，这是一项举世瞩目的发明成果。

“串级萃取”的理论建立和方法的发明，使中国实现了稀土资源大国向稀土生产大国、稀土出口大国的转变。为此，徐光宪成了2008年度“国家最高科学技术奖”获得者，并被称作“中国稀土之父”和“稀土界的袁隆平”。

◎ 1894年，芬兰化学家约翰·加得林在瑞典第一次发现稀土时，稀土只是一些不纯净的、像土一样的氧化物，很不起眼。现在，它成了生活中离不开的宝贵资源。

金戈铁马“美人计”

● 乘着夜色，瘀氏为什么带着士兵偷偷弃城而逃？ ●

“工欲善其事，必先利其器。”在认识自然、改造自然、推动社会进步的过程中，不断创造出了各种各样为人类服务的工具，机器人便是其中之一。

从古到今，我国就不乏制造机器人的能工巧匠。如：春秋时期的鲁班，曾经制造过一只能在天空飞行的木鸟；三国时期的诸葛亮成功地创造出了“木牛流马”，帮助军队运送粮草……最出名的，还是西汉时期，汉武帝征讨匈奴时，制造了能歌善舞的美女机器人呢。

当时，汉武帝在平城被匈奴的金戈铁马围困起来。他手下的谋士陈平找到全城最好的工匠，对他们说：

“现在形势很危急，请你们快造出一个能跳舞的机器人，要与真人一样大小。这事关系到我们全军的存亡，十万火急。”

工匠们知道任务的重要性和紧迫性，一刻也不敢耽误，连

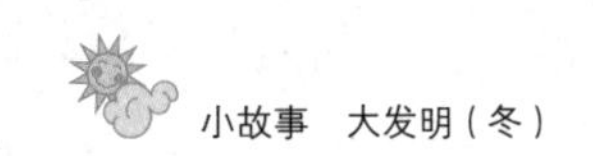

夜制作了一个像真人一样大小，还穿上漂亮衣服的机器人。经过一番打扮，机器人成了一个花枝招展的妙龄少女。

一切准备就绪后，汉军把机器人偷偷地放到城墙上，拧开开关，让美丽的少女翩翩起舞，把一个个匈奴士兵看得目瞪口呆。

“哇，天下竟有这么漂亮的美女！”这时候，匈奴将领冒顿的妻子瘀氏也看到城墙上妙龄女子的风姿卓绝，心中的妒火顿时熊熊燃烧，“中原美女果然名不虚传，美丽如玉，要是真把这座城攻克下来，好色的冒顿还不冷落自己吗?”

于是，瘀氏乘着夜色，带着士兵偷偷弃城而逃。冒顿得知后，恼羞成怒，又无计可施，只好也悄悄地撤兵。

汉军的“美人计”终于将平城化险为夷，一时传为美谈。

时光悄悄流逝，转眼越千年。1954 年，美国人乔治向政府提出申请，希望制造能帮助劳动的机器人，请求给予经费支持。在美国政府的帮助下，他在经历了无数次失败后，7 年的心血终于有了结果——1961 年，现代机器人研制成功，开创了现代机器人发展的新纪元，成为 20 世纪人类伟大的发明之一。

◎ 1738 年，法国天才技师杰克·戴·瓦克逊发明了一只机器鸭，它会嘎嘎叫，会游泳和喝水，还会进食和排泄呢。

水往高处流

● 马钧受到什么启发，发明了翻车？ ●

俗话说，“水往低处流，人往高处走”。我国东汉末年有个叫毕岚的人，曾经制造过翻车，可是他的翻车比较粗糙，实用性不强，直到三国时期的马钧发明创造了一种新式翻车，才真正实现“水往高处流”。这种翻车也叫龙骨水车，是当时世界上最先进的生产工具之一。

马钧是我国陕西人，年幼时家境贫寒，又有口吃的毛病，所以不擅言谈。长大后，他在魏国的朝廷里做官，不喜欢趋炎附势，仕途上一直不顺利。不过，他将自己的精力放在了勤奋读书上，精于思考和创新。在与下层老百姓的交流中，他了解到群众在生产和生活上的一些困难。经过刻苦钻研，他相继发明了指南车、改进了织绫机，深得老百姓的爱戴。

有一天，他在城郊散步，发现了一块闲置的空地，就向周围的老百姓关切地询问，并且建议种上一些蔬菜。可是，老百姓们十分忧愁地说：

“我们何尝不想种植一些蔬菜呢？但灌水是个大问题呀。”

听了老百姓的想法，马钧随意地卷起了袖口，若有所思。在回去的路上，他开始琢磨怎样帮助农民解决汲水的困难。

一连几天，他都没有想出好办法，就在外出散心的时候，碰巧看到了一个正在玩风车的孩子。这时的马钧突然间来了灵感，借鉴历史上一些发明家对汲水工具研制的经验，想到把大小一样的木片交叉连接在一起，形成木链，从而形成风车的结构，然后将下端水槽和刮板一直伸在水中，利用人力使链轮转动，刮板就顺着水槽把河水“提”到岸上：实现了“水往高处流”。

第二年，有了翻车的农民终于把水引上那片荒废的坡地，让它长出了一行行绿油油的蔬菜……

马钧制造的这种翻车，连小孩都能转动，可以连续提水，提高了抗旱能力；一旦遇到雨涝，还能向外排水。翻车成为我国古代农业灌溉上的一项重要发明创造，在电动机械提水设备诞生以前，它在农耕中发挥着巨大作用。

◎ 阿基米德螺旋泵与翻车的原理相似，内装可以旋转螺旋面的圆柱形木桶，木桶底端浸泡在水中，人们转动可旋转螺旋面，就可以将水“提”上岸来。

几根奇妙的头发

● 索卡尔的屋里，为什么要堆放各种材料？ ●

世界上最早的湿度计，是由德国的卡拉奇·斯德兰发明的。但是测量的误差很大，没有什么实用价值：把绳子固定在墙壁上，背后表上有刻度，同时在绳子的下端系上重物，由此来对周围环境的湿度变化进行测量和研究。

后来，瑞士地质学家比斯·索卡尔因工作所需，开始关注湿度计问题。经过长期的等待和观望，他才萌生自己着手研制湿度计的想法，希望比卡拉奇·斯德兰的发明更上一层楼：

“我为何不自己动手试一试呢？如果能够成功，对我的事业会大有帮助的。”

于是，他查阅了大量的相关资料，进行总结思考，又四处搜集理想的材料。他认为，只有找到一种对湿度变化很敏感的材料，才能将湿度计发明出来。一段时间过后，他的屋子内就堆满了各种各样的材料。

后来，他把浸上水的材料和在干燥时的不同长度进行逐一比较，希望找到一种极为敏感的材料。可是，实验室中的材料全部试验完了，也没有发现哪一种材料十分理想。

1775年的一天，妻子来实验室看望他，看到他形容憔悴的样子，就关切地说：

“你还是回家休息几天吧。也许休息过后，精力充沛，对研究会有意想不到的发现呢。”

索卡尔也十分心疼妻子，但是想到自己辛勤的研究还没有什么进展，就遗憾地摇了摇头：

“还是不行，我得抓紧时间进行研究啊！”

妻子看了看他，不知道说什么为好。半天，望着他那一头蓬乱的长发，妻子十分关爱地说：

“那你也该抽时间回家去理理发吧？”

“头发？”

索卡尔的眼睛里放出了光芒，急忙放下手中的工作，请求借妻子的头发一用。他立即对头发开展了研究，惊奇地发现，头发在干湿环境中的变化非常明显，是一种对干湿反应十分敏感的材料。

这真是一个意想不到的发明——索卡尔用头发作为材料发明了更加精准的湿度计。

【小档案】

◎ 湿度计还有很多，比如说木板湿度计、鲸骨湿度计、海绵湿度计、岩石湿度计等。

只是用花作衣裳

● 看到黑人收摘棉花，惠特尼为什么十分同情？ ●

“花开不为人赞美，花放不求谁闻香。只是献花送温暖，只是用花作衣裳。”这是现代诗人叶千华歌咏棉花的诗句。

早在公元前 5000 至公元前 4000 年，人类就在印度河流域开始种植棉花。将棉花纤维从棉籽上剥开来，很长时间一直离不开手工劳动。1793 年，美国的伊莱·惠特尼才发明了剥棉花的机器——轧棉机。

惠特尼大学毕业后，来到种植园当家庭教师，有机会接触到了种植棉花的南方黑人奴隶。看到他们在收摘棉花时，双手红肿、破裂，甚至连指甲都剥落，他心中十分同情。从奴隶口中了解到，坚硬的棉籽是牢牢地粘在棉壳里的，剥开一个小小的棉桃，也要费好长时间和好大的力气。据测算，一个成年黑人，要是从 3 磅棉桃中剥开 1 磅棉花，要连续干 10 个小时……

“能不能发明一种会轧棉的机器呢？”惠特尼向种植园主格

林夫人提出了自己的设想。

“好是好，可是谁会制造呢？”格林夫人非常感兴趣地问。

“我可以试试。”惠特尼充满信心地告诉格林夫人，自己以前学过机械制造。

格林夫人高高兴兴地点头同意了。从此，惠特尼除了带好孩子，一有空闲便到种植园里，仔细地观察黑人剥开棉桃的技巧。一段时间后，聪明能干的惠特尼果然设计出了一种结构简单的装置：

里面有带细钩的圆筒，一对滚动的齿轮，还有一把刷子在不断清扫滚动的滚筒，用一个大木箱把这些设备装起来；上方有一个口可以装棉桃，下面一个口能出棉籽，外侧还有一个简单的摇把。

经过试验，惠特尼的机器可以提高50倍的工效，黑人不用再一个一个地剥，只需要把棉桃送进入口，再摇着箱外的摇把，就能让机器吐出白花花的棉絮了……

惠特尼把这种机器叫“轧棉机”，并申请了专利，与别人合伙，开始制造更多的轧棉机。同时，把它改进成以水为动力的新型轧棉机，有力地推动了美国种植业的快速发展。

◎ 在宋代以前，汉字中只有带丝字旁的“绵”字，没有带木字旁的“棉”字。在棉花没有传入我国之前，人们用木棉来充填枕褥。棉花的故乡在印度和阿拉伯。

为了“解放”人的双手

● 莫兹利为什么对布拉默说，要改进旋床呢？ ●

发明创造的种子要开花结果，离不开培育它的土壤。亨利・莫兹利是英国发明家，因为发明了世界上第一台机床而垂名史册，他的成功是从做防盗锁开始的。

1797 年，英国著名的机械师布拉默发明了倒转防盗锁，自己开办了一家防盗锁厂，听说莫兹利对机械制造特别感兴趣，而且在这方面有一些研究，他就聘请莫兹利到防盗锁厂来当机械师。为了感谢他的知遇之恩，莫兹利努力工作，改造了一些机械设备，提高了工作效率，与布拉默也结下了深情厚谊。

“布拉默先生，我想改进一下这种旋床。您同意吗?”有一天，莫兹利对布拉默说，“我曾经操作这种旋床达 6 年之久，可是这机器还是老样子，工人手脚并用，辛苦极了。”

“好吧，只要你想干，你就干吧。”布拉默十分支持他，笑着拍了拍他的肩膀。

可是，说起来容易做起来难：到底怎么改进呢？从哪儿入手呢？莫兹利心中一点底都没有，尤其是这种机器是用什么做动力，以及怎样固定削刀，这些难题都不是一下子能解决的。他为此陷入了深深的思虑中……

“机械师，我们车间里的蒸汽机出故障了，您快去修修吧。”一天，莫兹利刚下班，还没有走出厂门，一位工人叫住了他。

“好的。”莫兹利愉快地点了点头。

回到厂里，技术高超的莫兹利很快就把蒸汽机的毛病找到了，让机器又转了起来。

“嘿，能不能用蒸汽机作为自动机床的发动机呢？”莫兹利听着机器轰隆轰隆地响着，心中突然来了灵感：用蒸汽机作为旋床发动机，旋床的速度会大大提高的。

莫兹利决定按照自己的设想来研制，彻底“解放”人的双手：有了发动机，又怕机器高速运转造成不稳定，他就利用铸铁制造了一个大操作台；他还设计了一个固定削刀的刀架……经过多次努力，世界上第一台自动加工固定机件的机床终于诞生了，莫兹利因此被称为“英国机床工业之父”。

◎ 1951 年，美国的约翰·帕森斯发明了第一台电子监控的机床，即数控机床，实现了多品种、小批量的复杂零件加工的自动化。

握在手中的“电老虎”

● H. W. 西利的电熨斗诞生后，为什么有名无实呢？ ●

早在17世纪，讲究衣饰的欧洲人就开始使用熨斗了。他们用一块挺重的“平底铁”，在火中或热金属板上加热，再来熨烫衣服。当然，这最容易出事，铁烧得太热，就会把衣服烧焦了，或者把手烫伤。后来，有人对熨斗进行了改造，把热水或煤炭的余火装在空心的熨斗里来熨衣服，效果会好一些。

1882年，美国纽约的H.W.西利发明了用电来熨衣服的熨斗，即电熨斗，并获得了专利权。他是受电炉的启发，用一块铁板来制作熨斗的，只不过在铁板里装了一个金属丝元件。当电流穿过时，金属丝会发热，再把热量传递到铁板上来熨烫衣服。美中不足的是，这种电熨斗太贵，而且当时许多家庭也用不起电；更为致命的是，这种熨斗经常漏电，像只“电老虎”，令人恐惧：因此，H.W.西利发明的电熨斗有名无实。

1901年，沉默寡言的美国青年E.理查森决心对H.W.西利的发明成果进行改进。

“只要想办法让电熨斗不漏电，安全可靠，就不愁没有用户。”E. 理查森把自己的想法告诉了另一位电器研究爱好者。

“发明电熨斗的人都没办法，你能行吗？”朋友的目光里充满了怀疑，“即使改进了，又怎么样？不是白忙活吗？”

E. 理查森听了，更加沉默了。

几天后，他来到一家商场，无意间在柜台上看到了一个等待出售的电熨斗，好像见到了久违的朋友一样，他心中热血一涌：

“哎，不管怎么说，我先买一个研究研究。”

性格倔强的E. 理查森一回到家，就一门心思捣鼓起来。“山重水复疑无路，柳暗花明又一村”。经过几个不眠之夜的努力，他把原来的电熨斗内部结构稍做调整，漏电问题就解决了，“电老虎”被乖乖地驯服了，可以安全地握在手里！

1902 年，世界上第一个安全电熨斗问世了，E. 理查森后来也成了著名的企业家。

◎ 1926 年，纽约一家公司研制了世界上第一个蒸汽熨斗。它通过产生蒸汽喷流，使正在熨烫的布料变得潮湿，借助余热来熨烫衣料。

会升降的房子

● 早期的升降机，有哪些明显的弊端？ ●

“一切安全，先生们，一切安全！”

1854年的一天，在纽约水晶宫举行的世界博览会上，美国人伊莱沙·格雷夫斯·奥的斯第一次向世人展示了他的发明：站在装满货物的升降梯平台上，命令助手用利斧迅速砍断升降梯的提拉缆绳！

当时，人们屏息凝视，都为他捏着一把汗。可是，升降梯没有坠毁，而是牢牢地固定在半空中，然后慢慢地上升、下降……奥的斯友善地向大家挥手致意，世界上第一台安全电梯也在他的微笑中诞生了！

奥的斯发明的力量来源于当时的几起恶性事故。

1852年，作为一名普通的机械师，他每天开着升降机为一家商业公司服务。这种升降机是以一根很粗的绳索，吊着一个由铁丝编成的笼子，把货物装在笼子里。可是，如果时间长了，或者装的货物太重，铁丝就会瞬间断裂，铁笼刹那间从空中坠落，好几起恶性事故就这么发生了。每一次，他看到工友血肉模糊的尸体，就揪心地难受……

“难道就不能搞出一种安全电梯吗？”年近四十岁的机械师奥的斯，留着整齐的小胡子，喜欢戴着高顶礼帽，找到一位机械专家，说出了心里话。

“既然是缆绳容易出问题，那最好不要用缆绳来吊装货物。”专家建议说。

“怎么办才好？”

“当然还是老办法，用齿轮的咬合来提升或下降货物。”

奥的斯听了，茅塞顿开。随后，他又四处走访，虚心求教，不断地改进、试验，再试验、再改进，终于研制成一种安全电梯，并在那次世界博览会上获得了掌声。有趣的是，当时人们称这种装置叫“会升降的房子”。获得发明专利后，他成立了奥的斯电梯公司。后来，他在世界200多个国家设立分公司，成为电梯行业的“老大”。

一百多年来，电梯技术在不断地创新、变革，但是人们一直没有忘记奥的斯先生的贡献，是他的发明改写了人类使用升降工具的历史。

◎ 1907年，六层高的汇中饭店安装了两台奥的斯电梯，上海也成了中国首个安装电梯的城市。

探视星空的“天眼”

● 赫歇尔磨制望远镜时，妹妹为什么要给他喂饭？ ●

清澈的秋夜，仰望深邃的星空，天文学爱好者一定会想起弗里德里希·威廉·赫歇尔。这位“恒星天文学之父”，不仅是天文学家、古典作曲家，也是天文望远镜的发明家。为了艺术，为了科学，他一生都在努力，都在奋斗！

1738年，他诞生于德国的一个音乐世家。4岁那年，他跟从父亲学习拉小提琴，后来又学习吹奏双簧管，很快成为一名出色的双簧管演奏者。长大后，他来到英国的伦敦，开始广泛地阅读牛顿、莱布尼茨等科学家的著作。有一天，他意外地买到了史密斯撰写的经典著作《光学》，从而激起对浩瀚天空的强烈兴趣，书中讲述的关于望远镜的制作知识，令他浮想联翩……

为了解开困扰心中的关于宇宙的谜题，他踏上了星空探索的道路。他没有钱购买望远镜，在妹妹的鼓励下，决心发明一台能够探视星空的“天眼”。他找来一块坚硬的铜盘，开始磨制望远镜。有一次，他连续磨了 16 个小时，因为这样高精度的工作不能停顿。待在一旁的妹妹看着辛苦的哥哥很是心疼，只能一口一口地喂饭给他吃。经过 200 多次的失败，他终于制成了可用的反射镜面。不过，作为“天眼”看星空的效果还不理想。

1787 年，他决心制造一架更大的望远镜。第一次，制作的反射镜在冷却时破裂了；第二次，熔化了的金属流出了容器，溢到地板上。不断的失败，并没有打垮他，他不断改进工艺方法，终于浇铸出合格的大镜面镜坯。这架“天眼”的观察效果，竟然比当时格林尼治天文台所用的望远镜还要优异。

1789 年，他制造出了称雄世界多年的最大望远镜，它的镜筒长 12.2 米，竖起来有 4 层楼高，直径达 1.5 米，差不多要 3 个人才能合围，光是镜头就重 2 吨！这在望远镜制造史上，是一项了不起的发明。在使用的第一夜，这台望远镜就发现了土星的第一颗卫星呢！

◎ 弗里德里希·威廉·赫歇尔（1738—1822），曾发现天王星及其两颗卫星、土星的两颗卫星、太阳光中的红外辐射，也是第一个确定了银河系形状大小和星数的人。

会“飞”的列车

● 海尔曼·肯珀设想的磁悬浮列车，有哪些特点？ ●

历史上许多伟大的发明，像磁悬浮列车一样，都是起源于设想或梦想。

1909 年，火箭工程师罗伯特·戈达德最先提出磁悬浮列车这个设想。可是，人们认为他是痴人说梦：把几十吨重的车体“拔”离地面，天下哪会有这样的事发生呢？

进入 20 世纪 20 年代，美国布鲁克林国家实验室的两位青年物理学家，也提出了磁悬浮列车的设计。他们设想了一种由超导磁铁感应圈悬浮的每小时可行驶 480 千米的火车。当时，美国政府不肯出资赞助这项设想，事情就被搁置下来了。

“墙内开花墙外香。”德国科学家海尔曼·肯珀听到了这个异想天开的消息后，被它深深地吸引住了。他认为这是奇思妙想，不是胡思乱想，完全能够变成现实：

利用磁铁“同性相斥、异性相吸”的原理，来减少甚至克

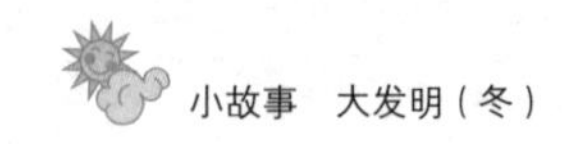

服列车与轨道之间的摩擦力；最好是让列车“浮”起来，这样，只需要克服空气的阻力。

1922 年的一天，他把这个设想告诉了一位工程专家：

“我要设计制造的列车，没有轮子，也没有发动机。”

“没有发动机、没有轮子，那怎么可能?”工程专家觉得不可思议。

“轨道是有磁性的，而不是一般的钢铁。列车行进时需要的支撑、导向和牵引力，都来自磁铁的吸引力和排斥力。”他充满信心地描绘着心中的蓝图。

“哦，我明白了，列车是悬空的，就像飞机在飞一样，是吗?”专家也兴奋起来。

“嗯，没错，正是这样。”他把握十足地说。

不久，海尔曼・肯珀把设计制造这种新型列车的计划向德国政府做汇报，并得到了技术、资金等相关方面的支持。

1934 年，他获得开发磁悬浮列车的专利。随后，德国人加快了磁悬浮列车的研制步伐，终于制造了以常规列车无法达到的速度悬空在轨道面上，真正可以算得上是一种会“飞”的列车——磁悬浮列车，并迅速地“飞”向了世界各大城市。

◎ 磁悬浮列车是 21 世纪列车家族的一位新成员。乘坐没有轮子的磁浮列车旅行时，几乎听不到什么噪声，只有在以每小时 200 千米以上的速度行驶时，它才有轻微的车体与空气摩擦的声音。

大罐和小瓶“闹矛盾”

● 中松义郎在他的同龄人玩沙子的年龄，有了哪些发明创造？ ●

1943年冬季的一天，寒风刺骨，大雪飞扬。14岁的日本少年中松义郎放学刚回到家，看到母亲正抱着一大罐子酱油，向餐桌上的一个小瓶里倒去。

“哗，哗……”天冷极了，母亲的手颤抖着，一罐子酱油抱起来很不容易，尽管她已经很用力，可是酱油还是洒了一地……

“妈老了，不中用了。”母亲气喘吁吁地说。

“妈，这罐子太大、太重，能不能发明出一种管子，把罐子里的酱油抽到小瓶里呢？”中松义郎心疼地问。

“傻孩子，哪有这么简单的事儿？”母亲想了想说，“孩子，等你长大了，替妈想着这事儿。”

中松义郎默默地点点头，心想，要发明一件东西，让大罐和小瓶不再“闹矛盾”。

其实，在这之前他已经搞出了多项发明。5岁时，他发明了“自动离心重力调整器”；7 岁时，他发明了“折叠式登陆器”。不论 5 岁还是 7 岁，都是同龄人在玩沙子的年龄啊！

于是，中松义郎决定立即搞这项发明。他从母亲倒酱油这件普通事情中，找到了创造的动力，也找到了发明的灵感。他向物理老师请教，向制造机械的师傅请教，希望能够用科学的方法来解决大罐子和小瓶子之间的矛盾：怎样便捷地让大罐子里的酱油倒进小瓶子里？最后，几经努力，他运用杠杆原理，发明了手压泵。

“妈，怎么样？”中松义郎拿着刚制造出来的新玩意，再次递给妈妈倒酱油。

“嗯，让妈试一试。”中松义郎的母亲拿起手压泵接上了酱油罐，随着一阵“哗哗”的响声，放在橱柜上装酱油的小瓶子，已经装满了酱油。

母亲的脸上露出了欣慰的笑容。

后来，中松义郎发明的手压泵因为可以用来灌装煤油、柴油和汽油，在日本及周边国家很畅销。成名成家后的中松义郎，回忆自己的人生经历时，曾充满深情地说：

“我对母亲的爱，使我找到了发明的源泉。”

◎ 中松义郎享有“当代爱迪生”的美称，宣称拥有发明专利超过 3 000 项，比爱迪生还多，曾经 15 次在纽约世界发明竞赛中荣获最高奖。

汽车司机的金钥匙

● 用摇把来发动汽车，有什么致命的危害？ ●

会开车的朋友都知道，只要扭动一下汽车发动机的钥匙，汽车就会发出欢快的响声，车子就可以开动起来。原来，汽车里装有自动启动器，钥匙扭动的就是能启动它的电钮。

那么，是谁这么聪明，发明了这个自动启动器呢？他是美国发明家查尔斯·凯特林。

1909 年的时候，他在俄亥俄州戴顿的一个旧谷仓里，研制出了许多工业新产品。33 岁那年，凯迪拉克汽车公司的总裁亨利·利兰邀请他到底特律访问。

“凯特林，我请您来有一项重要的任务。”总裁亨利·利兰伤心地告诉他，“几天前，我的一位十分要好的朋友，在发动汽车时，被汽车的摇把打死了。”

“噢……”凯特林沉默起来。

当时，汽车的动力是内燃机，要发动它必须在汽车的前面插入一根钢管似的摇把，然后用力地摇动才能发动起来。可是，发动机飞速旋转起来的时候，稍有不慎，或不熟练，摇把将司机打伤或打死的事是时常发生的。

于是，凯特林又回到了那间旧谷仓，开始了紧张的研制工作。同时，他走访一些汽车制造专家，请他们出谋划策：

“凭我多年制造汽车的经验，想要不用摇把来发动汽车，除非在汽车中再装一部发动机。”

“凯特林，不另装发动机是不可能的事。”

专家朋友都这么说，凯特林也陷入了沉思。

然而，在汽车前部再装一部发动机，汽车就会更庞大、笨重；显然，这是不合适的。凯特林下决心重新研制一种装置来解决这个难题。他一次一次地试验，把零件装了拆，拆了装，一会儿加上这个元件，一会儿装上另一个元件……

1910 年 12 月 24 日，凯特林坐在汽车驾驶室里，按动电钮，汽车的马达终于轰鸣和旋转起来。他的脸上挂着一行喜悦、激动的泪……他成功了！

随后，凯特林对他的自动启动器不断改进，让它从实验室走向了驾驶室，给千千万万个司机打造了一把安全幸福的金钥匙。

◎ **高科技的汽车越来越显智能化，有的通过指纹验证后，能够自动启动；有的自动感应，驾驶员走进汽车时系统自动开启，离开后自动关闭。**

长了“腿”的船

● 船员卷起裤腿，涉水走向了堤岸，顾心泽想到了什么？ ●

黄河三角洲地区有着广阔的海陆过渡区，涨潮时一片汪洋，退潮时又是数十里滩涂。在这片时而“汪洋”时而“滩涂”的地区，蕴藏着大量极好的油气资源。可是，开采它十分困难。1982 年，胜利油田钻井研究院的总工程师顾心泽和调查人员到现场考察，希望能开采出这些油气。当他们的小船划到水深 1.4 米的地方时，搁浅了，连续三天三夜寸步难行。这时候，一位船员接到了家里的紧急电报：

“快回去，家里有急事。”岸上的队友用对讲机告诉这位船员。

“你看，这怎么办，小船已经不能划动了。”总工程师顾心泽和颜悦色地问，“想想看，你还有什么办法？”

“没什么，我走过去。”船员坚定地说。

说完，这位船员真的卷起裤腿，涉水走向了堤岸。顾心泽望着他一步一步地走向岸边的时候，心里突然想道："人能一步一步地走向岸边去，船为什么不能像人那样一步一步地走向岸去？能不能让船也长上两条腿？能不能设计出一种会走路的钻井船呢？"

他不禁想起了1975年的万名民工围海造堤的情景：为了开采这些浅海里的油田，成千上万的民工吃着窝窝头，住着临时的地窖，推着独轮车，一车一车地往大海里推土，硬是在大海里围成了一个大堤……这要浪费多少劳力啊！

"我一定要设计出能走路的船，就不用再围海造堤了。"顾心泽在心里默默地发誓说。

可是，同事们听说了，都觉得不可理解，认为让几千吨的钻井船走路，根本不可能。然而，只要顾心泽认准的事从来就没有犹豫过，不论人们怎样议论，还是照做不误。

经过6年的辛苦劳动，在许多单位和个人的支持下，顾心泽研制的世界上第一艘能够步行的船终于在中国诞生了。这就是"步行坐底式钻井平台"，它能够平稳地一步步走向大海，为我国的石油开采掀开新的一页。

◎ 1983年，顾心泽设计出了一艘长10米、宽5米的能够步行的模型船。模型船的结构分两个部分，依靠内体和外体的交替升降来移动，完成了"行走"的任务。

搬进新房的困惑

● 吴子明一家搬进新房以后，遇到了什么麻烦？ ●

1992年，吴子明是广州市前进路小学的学生，他们一家刚搬进新房，都非常开心。

“哦，多好的大房子。”吴子明高兴得一蹦三跳，从这个房间到另一个房间，来来回回地看了又看。

可是，没过多久，新房子出现了意想不到的问题：污水经常会从排污管道中溢出，先是流向厨房、卫生间这样的地方，严重的时候就连客厅和卧室也会遭殃。

“刚刚搬进的新房子，怎么会有这样的麻烦？”

“是不是偷工减料造成的？”

有着一样遭遇的邻居们聚在一起议论纷纷，唉声叹气。

吴子明看到新房子被污水冲得一塌糊涂，满屋子臭气熏天的模样，真想抱头痛哭。冷静后，他又想道：“生气和伤心也解决不了问题，总得想个办法吧。”

他是一个爱动脑筋的孩子，在调查中发现，这栋楼房的排污管道从二楼到八楼用的都是同一根。在管道被污水堵塞的时候，污水首先从二楼溢出，接着再依次向上。

“能不能让污水在溢出的时候不流向屋内呢？”

在很多人看来，家里排污管道受到堵塞是大人们应该考虑的事情，可是，爱动脑筋的吴子明还是主动地去思考这个问题。

一天，他在用家中卫生间里的冲水箱时发现：当水箱中没水时，就会自动补充；水满了的时候，又会自动停止，不会使水溢出水箱。

“呀，这和排污管溢出后污水流向房间不是同样的道理吗？”他一下子从卫生间的水箱中获得了设计的灵感：

把浮球放进管道之中，当污水出现堵塞的情况时，水面就会上升，浮起的浮球就能把通向房间的管道口堵住。这样，每家的管道入口都装上浮球这样的装置，终于很好地解决了污水倒流的问题。在第六届全国青少年发明创造比赛和科学讨论会上，吴子明发明的防倒流排污装置获得了一等奖。

◎ 在这种装置的上方还可以装有活动的盖子，并带有防臭气罩，这样既能防止堵塞，又能防臭。

玩出来的发明

● 看到自己的作品，喻宏阳为什么哭笑不得？●

1998 年，来自岳阳市站前小学三年级的学生喻宏阳发明了“声控夜光报警门锁”。这项发明获得了第九届全国青少年科学发明创造比赛的大奖。

喻宏阳一直有着强烈的发明兴趣，这和爸爸给他订阅许多杂志有关，是一本本杂志给了他智慧的启迪。有零花钱的时候，他也不会随便去花，而是用来买一些玩具、模型。这为他的发明创造打下了良好的基础。“声控夜光报警门锁”所用的材料，就是从平常的玩具中拆解下来的，包括这项发明也是他玩中学、学中玩的“杰作”。

一天夜晚，楼道里十分昏暗，喻宏阳好不容易才找到锁孔。

“要是在锁孔内装上一个灯泡，那该有多好啊！”

于是，他把玩具手电筒中的小灯泡拆下来安在了锁孔内。接上开关后，即便是在昏暗的环境中也可以看到锁孔。就在他

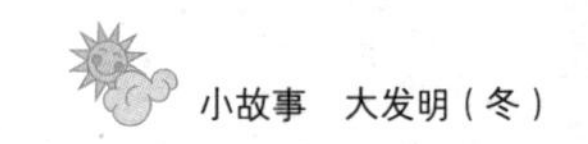

掏出钥匙准备插进锁孔的时候，又皱起了眉头：

“咦，小灯泡装在了锁孔内，这怎么插呀？呀，真笨！”

看到自己这样的作品，喻宏阳真是哭笑不得。于是，他又很快在锁的上方钻上了小孔，将灯泡安在了其中。当接上了开关时，昏暗的楼道中立即闪烁着红色的光，他为此欣喜不已：

“一件多么优秀的作品啊！”

喻宏阳得意地将自己的作品拿给老师看，老师也非常高兴，夸奖他是一个肯动脑筋的孩子。可是，老师仔细端详他的作品后，又产生了疑问：

“在昏暗的环境中，摸着开关不是一样困难吗？”

“对呀，我怎么没有想到！”

喻宏阳摸着脑袋，看着老师，尴尬地笑了。

后来，在老师的耐心指导下，他为自己的门锁安装上了声控开关，只要抖动一下钥匙，锁孔上的小红灯就亮起来。同时，他还想到自己的玩具枪上有警报的声音，就在锁上安装了警报器。要是有坏人，8 秒之内不能开启门锁的话，警报器就会响起来。

于是，“声控夜光报警门锁”诞生了！

◎ 现在的报警门锁不仅可以发出报警的声音，有的还具有往你绑定的手机上发送警告短信的远程提醒功能。

养兔场第一次响起了报警声

● 谭佳慧发明自动报警器，哪件事情对她产生的影响最大？ ●

当年，谭佳慧还是上海市的一所中心小学五（1）班学生的时候，就作为特邀代表参加了全国少先队“创造杯”夏令营。原因是她连续发明了“简易浇花水壶”“自动吸蚊器”和“自动报警器”。为此，她还获得了“少年钱学森奖”。其中，以“自动报警器”最为出名，当教育科学研究专家孙云晓问起她这项发明的目的时，她笑得眼睛眯成了一条缝，说：

“为了帮农民叔叔看兔子呢。”

原来，这项发明还真的和兔子有关。有一天，故乡的瞿叔叔愁容满面地感慨道：

“哎，现在养兔子真不容易，昨晚又有一家养兔专业户的兔子被偷了。”

“怎么又发生了这种事情！”在一旁的爸爸和她都吃惊地睁大眼睛，关切地问。

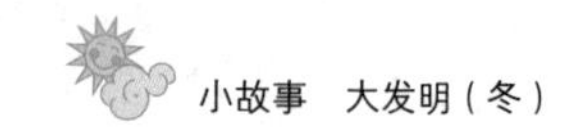

“养兔子好是好，就是怕偷啊！”瞿叔叔也唉声叹气地说。

这件事对谭佳慧产生了很大的影响，晚上躺在床上还在想怎样对小偷加以防范。白天瞿叔叔所说的“小发明家，我的兔子全靠你啦”的话语还在耳畔回响，心中有着一种沉甸甸的责任……

一次，在和同学们玩跳皮筋的游戏时，爸爸急匆匆地赶过来，一不小心被皮筋绊倒了。其他同学看到这样的场景都跑来帮忙扶起，可是谭佳慧却若有所思，黑眼珠不停地转动，大声喊道：

“啊！有办法啦！有办法啦！”

一旁的同学和爸爸都感到莫名其妙，不知道这个小发明家的脑海里又在想着什么奇怪的东西。

原来，她从爸爸被绊倒中得到启发，想到可以在报警器上接一根细线，线的一端系着一块磁铁，只要有人一踩到这根细线，就会发出“呜哇呜哇”的警报声……不久，第一台磁性“自动报警器”问世了。

可是，这个小发明实际效果怎样呢？瞿叔叔拿回家试用后，满意地告诉她，那天晚上小偷不仅没偷走兔子，反倒丢下一只麻袋逃跑了。原来，养兔场第一次响起了警报声……

◎ **报警器现在有许多种类，除了用于门窗防盗的报警器外，还有用于燃气泄漏的报警、汽车被盗的报警等等。**

神奇的“四诊法”

● 扁鹊为什么判断太子是休克了，后来怎么样？ ●

战国时代有一位名医，叫扁鹊（公元前407—前310），是“望”“闻”“问”“切”这四诊法的创始人。

有一次，扁鹊路过虢国，举国上下笼罩在一派悲痛的气氛里。原来，虢国正在准备为猝死的太子办丧事。当时，几个侍从官员说：

“太子平时身体好好的，怎么突然不省人事，撒手而去呢？”

扁鹊听了，也觉得奇怪，急忙上前了解太子的状况，凝神片刻，仔细观察一番，来到王宫求见国君：

“本人也许能将太子救活。”

悲痛欲绝的国君，赶紧起身迎接。

随即，扁鹊综合运用观颜色、听声息、问症状、切脉搏等手法，仔细地检查了太子的“尸体”，判断太子是患了“尸厥症”（休克）。阴阳脉失调导致太子全身脉象紊乱，太子看上去像已经死亡。然后，扁鹊对症下药，使太子苏醒过来，并让太子连服20天汤药，终于完全康复。

后来，齐国的齐桓公宴请扁鹊。当时，扁鹊通过望诊判断出齐桓公有病，但是病情轻微，只是肌肤表面，稍微热敷一下就能治好。齐桓公根本不相信。不久，扁鹊又晋见齐桓公时，指出他的病情已加重，病位已进展到血脉，需要接受治疗，齐桓公还不信。当扁鹊第三次晋见他时，认为病情已恶化，病位进入内部肠胃，如不及时治疗，终将难治。齐桓公生气了。最后一次，扁鹊判断齐桓公病情危重，已进入骨髓深处，无法救治了。扁鹊失望地摇了摇头…不久，齐桓公果然不治而死。

扁鹊的望诊得到了验证，名声更大了。

“实践、总结，再实践、再总结……”经过不断地摸索、多年的临床实践和吸取民间流传的经验，扁鹊终于有了诊断疾病的四种基本方法，即望诊、闻诊、问诊和切诊，总称“四诊法”。它诞生后，在2 400多年的时光隧道中，经过不断发展和完善，成了我国传统医学文化的一块闪闪发光的瑰宝。

◎ 望诊，看病人的脸色等；闻诊，听病人的气息强弱等；问诊，问导致生病的原因等；切诊，摸摸病人的脉搏。当时，扁鹊称它们为望色、听声、写影和切脉。

石头绊破了脚趾头

● 樵夫为什么被张仲景的精神所感动？ ●

刺激穴位医治疾病，是我国中医的一种传统方法，它是由东汉末年的名医张仲景向樵夫学习后创造出来的。

有一天，张仲景听说山南边住着一个打柴的樵夫，会治头疼病，便忙去求教。山路十八弯，他走了整整一天，终于找到了樵夫的住处。可是，到了那里才知道樵夫不在家。听邻居说，樵夫在几天前就出远门了。张仲景非常失望，只好连夜赶回家。

第二次，又不凑巧，樵夫上山砍柴去了。张仲景想，这次一定要等樵夫回来，见上一面，问出个究竟来再走。于是，他就坐在樵夫的门前静静地等候，直到天黑，才等到樵夫归来。

樵夫知道张仲景的来意后，被他的精神所感动，便聊起了自己的那次传奇经历。几年前的一天，太阳快下山了，樵夫从山上打柴回家，到了半山腰，忽然觉得天旋地转，心想：

“坏了，自己的头疼病又犯了，必须赶快回家。”

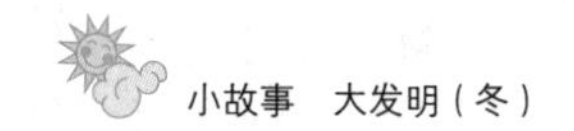

于是，樵夫就背着木柴，跌跌撞撞往山下跑，一不小心被一块石头绊倒，一个脚趾头被碰破了，顿时，血不断地流出来……过了一会儿，不知为什么，樵夫的头竟然一点也不疼了。

这件事让樵夫感到十分奇怪，也深深地记在了心里。从此，只要头疼病发作，他就拿针来刺激那个脚趾头，或者用手指轻轻地按摩、挤压、揉搓，困扰他多年的头疼病就这么被慢慢治好了。

“这个部位叫大敦穴。”樵夫一边说，一边指着那个曾经被碰破的脚趾头说。

“刺激这里就可以抑制头疼？”听了樵夫的话，张仲景心里划过一道闪电。

随后，张仲景在实践中验证了这个方法：用银针来刺激大敦穴，能治疗头疼。

实践出真知。于是，在日后的行医中，张仲景不断摸索，不断总结，相继发现刺激不同穴位，可以治疗不同的病症，并创造了在中医学上影响较大的刺激穴位法，为百姓带来了健康和幸福。

◎ 刺激穴位的方法主要是针灸，现在还根据针灸原理进行了延伸，主要有针刺、艾灸、推拿、穴位按摩、电针、红外照射等方法。

人见死鼠如见虎

● 在鼠疫流行的乡下，丹玛斯动员乡民们干什么？ ●

“东死鼠，西死鼠，人见死鼠如见虎……”这是1793年云南师道南所著《死鼠行》的句子。在世界历史上，鼠疫的流行曾导致数以千万计的人走向不归路。

1525年，一场鼠疫像恶魔一样，席卷整个欧洲大陆。有的人不停地咳嗽，肢体僵直；有的人浑身溃烂，头痛恶心；一个一个像接到了死亡通知书一样，打着寒战走向了不归路……

怎么办？当时，法国蒙特贝利尔大学医学院的教授们对黑死病一筹莫展，只能拿烟熏的办法来对付这可怕的瘟疫。

“给病人和接触病人的人洗澡，消灭身上的跳蚤，减少传染途径；要把病人的排泄物盖上草木灰，再深埋到地下！”这时候，一位叫诺查·丹玛斯的学生提出，“烟熏是不可能彻底治愈和防止黑死病的蔓延的。”

丹玛斯提出的防治方法，即刻引起了轩然大波。

“这简直是离经叛道，要立即停止行医。”有的所谓学术权威大声嚷着。

“一个头上还没有四角帽，腰间还没有金腰带的学生，有什么资格说三道四？”有的教授不屑一顾地说。

最后，丹玛斯被赶到了乡下！

离开了蒙特贝利尔城的丹玛斯，并没有放下自己钟爱的事业；相反，他把更高的热情投入到了同样是瘟疫流行的乡下。他动员乡民们打扫自己的家前院后，用玫瑰花瓣浸泡过的水来洗澡，改变不洁的陋习；一边减少传染，一边增强体质，利用自身的抵抗力来恢复健康。果然，奇迹出现了，黑死病在这个村子得到了有效的控制，人们都说丹玛斯是没有系金腰带的“神医”。

四年以后，黑死病的潮水已经退去，26 岁的丹玛斯因救治农村黑死病的功绩被学院特召回来。毕业答辩时，医学院的权威们高度评价了他的救治观点和采取的救治方法，他顺利地戴上了四角帽、系上了金腰带。

丹玛斯发明的这种救治传染病的方法，得到了医学界的认同和推广。

◎ 在世界历史上，鼠疫大流行第一次发生在公元 6 世纪，从地中海地区传入欧洲，死亡近 1 亿人；第二次发生在 14 世纪，波及欧、亚、非；第三次是 18 世纪，传播到了 32 个国家。

阳光下舞蹈的小灰尘

● 外科医生利斯特看到阳光下的灰尘颗粒，想到了什么？ ●

细菌随处可见，早已存在，只是人们对它很无奈。有一年，英国格拉斯哥皇家医院的外科医生利斯特，就被医学上的一个难题——“伤口为什么会化脓”，深深地困扰着……

他曾经统计过，在他手下做过手术的病人，有一半死于伤口化脓。当他眼巴巴地看着病人一步步往死亡线上迈进，自己却束手无策时，心里十分痛苦。

一天早晨，利斯特医生像往常一样，穿过长长的走廊去查看病房。他一抬头，一缕阳光从窗棂的缝隙里射了进来，那光线中成千上万个小灰尘在舞蹈着，飘荡着……灰尘形成的小颗粒，清晰可见。此时此刻，他立即想起了法国一位微生物家说过的一句话：

“任何有机体的腐败和发酵，都是由细菌引起的。”

于是，他忽然明白：病人的伤口是裸露在空气中的，肯定会受到灰尘的污染，而灰尘中存在着大量的细菌；还有与伤口接触的一些手术器械等，肯定也沾有很多细菌。这些细菌被带入人体内，必然会引起伤口的感染和化脓。

他把自己的想法告诉了同事，也得到了大家的肯定。

可是，怎样杀死这些害人的细菌呢？为了找到解决问题的途径，他翻阅了大量资料，想从中寻找一种既防腐又消毒的东西。经过不懈努力，他找到了提炼煤焦油的一种副产品——石炭酸，发现这种物质能起到一定的防腐作用。

随后，他给手术室制定了一整套严格的杀菌程序：所有的手术器械、所用的纱布，病人可能接触到的东西，都必须用石炭酸消毒，必须保证完全洁净；手术前医生和护士的衣物要严格消毒杀菌，手术医生的双手要进行多次洗净消毒。果然，手术后死亡的人数大大下降，感染的人数极少，病人恢复得很快。

至此，这个早在 19 世纪 70 年代医学上就存在的难题，终于被利斯特解开了——他不仅找到了伤口化脓的原因，而且发明了消毒的方法。

◎ 细菌广泛地分布在自然界中，个体极其微小，用显微镜才能看见，有球状的、杆状的和螺旋状的。

“面黄肌瘦”的玉米

● 细菌学家卡默德和介兰看到玉米种子退化，想到了什么？ ●

一个秋天的早晨，巴黎近郊的马波泰农场上，场主正在自己的一片玉米地里转悠。这时，路边走来了一高一矮两个人，他们边走边谈论着什么。这两个人就是法国知名的细菌学家卡默德和介兰。

“既然人类已在牛身上取得了抵抗牛瘟的疫苗，那么结核杆菌在其他动物身上接种，也应该是行得通的！”

“是啊，应该是这样，可为什么在两头公羊身上的实验就行不通呢？”

两个人一边走，一边交流，一抬头，来到了农场主的面前。

“这玉米是不是缺少肥料？怎么长成这个样子？”他们看到田里的玉米，十分矮小，“面黄肌瘦”，很关心地问。

“玉米长得不好，不是我们懒惰，也不是田里没肥。”农场主唉声叹气地说，“唉！这玉米引种到这里已经十几代了，退化了。”

“什么？你再说一遍！”卡默德和介兰异口同声地问。

“种子退化了，一代不如一代。”农场主无可奈何地重复了一遍。

两个人高兴地互相对视了一下，像有什么重大发现似的，转身走了。

“种子退化有什么稀奇的。”看着他们远去的背影，农场主摇了摇头，笑了。

在农场主的心中，这两个教授是一对书呆子：种子退化是司空见惯的事，没有什么了不起的。然而，在两位教授的心目中，农场主的话，非同一般，像一道闪电划破了他们迷茫的心。他俩由此想道：如果把毒性强烈的结核杆菌，一代一代地培育下去，那么，它的毒性是不是也会慢慢地退化下去呢？如果这样的话，再用这种退化了毒性的结核杆菌，注射到人体中去，这样，既可以不伤害人体，又可以使人体产生抵抗力了。

从1884年开始，经过整整13年的苦苦探索，他们培育出了230代结核菌，才找到被驯服了的、可以预防儿童结核病的疫苗。人们为了纪念卡默德和介兰，用他俩的姓为疫苗命名——“卡介苗”。

卡介苗的诞生，成为人类医学史上的一项重大发明，使结核病有了“克星”。

◎ 在儿童“预防接种时间及纪录表”中，卡介苗排在第一位，正常的孩子出生24小时以后，就可以接种它，最迟在1周岁前必须接种。

30 秒完成的包扎

● 约瑟芬·迪克森让丈夫包扎伤口时，想到了什么？结果怎样？ ●

在家庭小药箱中，最常见的无疑是创口贴。它的发明凝结着一对夫妻的恩爱之情。

1920 年的一天，在美国一家生产医用纱布和绷带的公司里上班的埃尔·迪克森，刚刚和太太约瑟芬·迪克森举行完婚礼。他的太太厨艺不怎么样，特别是刀功更欠缺。这不，结婚第一周，手就被切破两次。好在丈夫埃尔·迪克森在医药公司里上班，懂得一点医学知识，马上就用绷带把伤口包扎好了。

"亲爱的，要是有一种绷带能让我自己包扎，就方便啦。"太太仰起脖子，娇嗔地说。

"为什么？我不是给你包扎得很好吗？"丈夫有些不解了。

"哎，我的厨艺不佳，今天割伤了手，明天烫伤了脚，这样常麻烦你，我也不忍心！"接着，太太认真地说，"我想，也许有许多太太会面临这种情况，哪能都像你，都会帮助包扎呢？如果不会，小伤口也得上医院，多麻烦！”

埃尔·迪克森听了，不再作声。他觉得太太说得很有道理。于是，他开始做起试验来，考虑到如果把纱布和绷带结合在一起，就能用一只手来包扎伤口。他拿来一条纱布摆在桌子上，在上面涂上胶，然后把另一条纱布折成纱布垫，包些消炎药，放到绷带的中间。

“可是，绷带的黏胶暴露在空气中，时间一长，就不黏了，还怎么包扎？”对着桌子上的纱布，他又陷入了沉思。

后来，经过不断试验，他发现用一种粗硬的纱布就可以很好地解决这个问题。于是，这种简单方便、自己可以包扎的绷带诞生了。这就是用于自我急救的创可贴。

“信不信？受了伤，30 秒钟，就能自我包扎！”埃尔·迪克森向所在的公司做了介绍。

“真有这么奇妙？”公司老板让他现场表演。

在事实面前，独具商业慧眼的老板立即决定让公司试制，小规模地生产销售。1924 年，公司实现规模化生产，创口贴这种小药品立即畅销起来。

◎ **创口贴是最常用的一种医疗器械，具有止血、护创作用。但如果是动物咬的伤口、皮肤的疖肿、被铁钉或刀尖扎伤的伤口不宜用它来包扎。**

藏在泥土里的谜题

● 寻找杀死结核菌的微生物，为什么不是轻而易举的事？ ●

1924 年，美国科学家瓦克斯曼所在的研究所，接受了结核病协会提出的一个科研任务——进入土壤中的结核菌到哪里去了？

原来，这个结核病协会成员在试验中发现，结核菌掉入土壤里，不长时间全都没有了，成了藏在泥土里的谜题。

于是，他和学生立即进行试验研究。经过 3 年的“浴血奋战”，他确认：结核菌进入土壤后，最终真的完全不存在了，土壤中存在着至少一种可杀死结核菌的微生物。

他决心从土壤入手，寻找能杀死结核菌的微生物。

然而，瓦克斯曼知道，这是一项浩大的工程，绝不是一件轻而易举的事情！在土壤里各种微生物种类有数万种之多。要在土壤里找到一种微生物，无异于大海捞针。但是，为了人类能够战胜结核病魔，瓦克斯曼在心里对自己说：

“要一丝不苟、义无反顾地研究下去。”

此后，他每天泡在实验室里，一头扎在“土壤”里。要知道，一小块土壤里常常有几千种细菌存在，而它的存在条件又各不相同，必须先把它们一种一种地分离出来，再按它们生存的不同条件，在培养基里进行纯粹培养，当取得分泌物之后，分别在病原菌或其他细菌中做杀菌效能检查。就这样，瓦克斯曼像查户口一样，对土壤中的“小居民”进行“挨家挨户”的检查。

时间一天天、一月月、一年年过去了，筛选的细菌达 100 种、200 种……

1942 年，瓦克斯曼鉴定的细菌种数达 8 000 种，也终于在土壤中成功地培养出了一种药物，通过动物实验，达到了青霉素无法治疗的特殊效用，取名叫“链霉素”。

当时，结核病像当今的癌症一样，是一种绝症，几乎没有什么药能起治疗作用，给人类带来了空前的灾难。而链霉素的问世，终于结束了结核病肆虐的历史，使人类“谈核色变”的历史一去不复返。

◎ **瓦克斯曼于 1888 年出生在乌克兰，22 岁那年随家人移居美国，1916 年成为美国的公民。1952 年，瓦克斯曼获得了诺贝尔医学奖。**

抗生素家族又添新成员

● 抗生素是一个大家族，你还知道有哪些成员？●

在20世纪50年代，继青霉素诞生后，抗生素这个大家族的新成员层出不穷，如链霉素、氯霉素、金霉素等。它们在临床应用中，各显身手，将成千上万的人从死亡线上救了下来。可是，50年代以后，被称为“万灵药”的青霉素和链霉素，正在逐渐失去原有的威力。

原来，在滥用这些抗生素后，那些致病的病原菌产生了抗药性，从而使抗生素减效或失效。对此，科学家们感到束手无策。要想改变这种现状，唯一的办法就是发明新的抗生素。

1953年，日本医学家梅泽浜夫通过自己不断的探索和研究，又发现了一种新的抗生素——抗癌霉素。但是，这种抗癌霉素，在试管中起效，用在动物身上却不起作用。面对一次次试验的失败，梅泽浜夫不禁自问：

“难道这里有什么不为人知的秘密？”

他反复琢磨着这个问题：“为什么有的抗生素能用于临床医疗，而有的却不能呢？”

梅泽浜夫感到非常迷茫。

冷静一段时间后，他改变了思路，对前人发现的抗生素进行仔细分析和观察，这才如梦初醒：

“原来，链霉素、青霉素都是溶于水的盐基性物质。”

于是，他又一头扎进自己的实验中。时间一天天地过去了，他不厌其烦地一次又一次试验。经过两年的艰苦劳动，终于找到了一种新的抗生素——卡那霉素。这一研究成果公布后，整个医学界都为之振奋：“抗生素家族又添新成员了。”

为了卡那霉素的生产，梅泽浜夫又不辞劳苦地从全国各地取来各种不同的土壤样品，进行耐心细致的培养、分离，最后，从日本长野县的户仓温泉附近的土壤中，分离取得了生产菌株，使卡那霉素顺利地投入了生产。当年的6月份，卡那霉素投放市场，为无数患者消除了痛苦。

◎ **抗生素也叫抗菌素，它是从微生物、动物及植物代谢产物中，提取或人工合成的化学物质，被广泛应用于医疗、畜牧、农林和食品工业。**

盯着狗尿的苍蝇

● 在一棵树下，苍蝇为什么对狗尿那么感兴趣？ ●

1889年的一天中午，德国科学家冯梅林教授在回实验室的路上，发现一个奇怪的现象：

一条卷毛狗在路边的人行道上溜达，每到一棵树下，就抬起后腿在树根下撒泡尿；狗一离开，就有许多苍蝇围着狗尿飞来飞去。

“苍蝇为什么对狗尿那么感兴趣呢？”当时，他正在和病理学家闵可夫斯基研究“胰腺在消化过程中的功能”，凭着敏锐的直觉，他认为狗尿里含有什么新的成分。

于是，他把卷毛狗抱回了实验室，先对狗尿进行了化验后发现，狗尿中含有大量的糖分。然后，他又给狗做了检查，结果发现，狗的胰腺坏了，已失去了应有的功能。

“是不是没有胰腺的狗，尿中都含有糖分呢？”他又对另一条狗进行试验，发现这只摘去胰腺的狗，尿中也含有大量的糖分。

遗憾的是，由于种种原因，他们对这个问题没有继续探讨下去。

30年后，加拿大的一个名叫班丁的医院讲师，在冯梅林教授的基础上又进行了潜心的研究。他发现，正常人的胰腺上，分布着像岛屿一样的小暗点，而糖尿病人的胰腺上，小暗点的数量只是正常人的一半。

“这到底是为什么呢？”班丁百思不解。

“如果能增加胰腺上的小暗点，就一定能攻克糖尿病这个难关。”班丁是个喜欢动脑筋，而且敢于大胆想象的人。

原来，胰岛素是一种荷尔蒙，是从胰腺中产生的，它能促使肝脏去除血液中的葡萄糖。身体不能产生足够的胰岛素的人就要患糖尿病，患者的血糖就可能会高到危险的程度。可是，增加小暗点——胰岛素，谈何容易！

班丁下决心要解决这个问题。他做事一向雷厉风行，敢想敢干，经过艰苦的探索，实现了在不破坏胰腺的情况下，进行正常的提取，并且在实验室里把胰岛素分离出来，填补了医学上的一大空白。

后来，医学家借鉴他的做法，发明了给病人补充胰岛素来治疗糖尿病的方法，为许多糖尿病患者带来了福音。

◎ 糖尿病是一种糖代谢紊乱的慢性病，多由于体内胰岛素不足而引起。这种疾病对人体的健康构成了较大的威胁。

揭开“司令部”的秘密

● 狗的胃里没有得到食物，却在分泌胃液，说明了什么？ ●

“要做科学的苦工。”这是俄国生理学家巴甫洛夫·伊凡·彼德罗维奇流芳千古的名言。

的确，巴甫洛夫一生都在做科学的苦工，为了找到高级神经活动的规律，他终身都在解剖、实验、研究动物。他出生在一个贫苦农民家庭里，从小学习勤奋，兴趣广泛。在父亲的影响下，他一有空就爬到阁楼上，读父亲的藏书。他从小就注意培养自己坚忍不拔的执着精神，这对他日后的科学研究大有裨益。

在巴甫洛夫以前，人们对自己身体各个部分的构造已经相当清楚，只是“大脑”的活动还像一个谜团，令生理学家百思不得其解。

有一天，巴甫洛夫看到一个猎人因枪支走火，子弹射进腹部，手术虽然救了他一命，可是伤口长期不能愈合，留下了一个通向胃部的小洞（医学上称为“瘘管”）。透过这个小洞，医

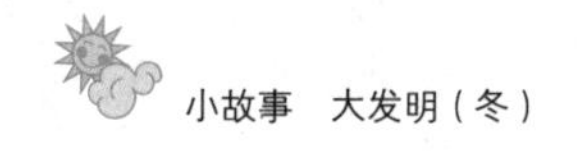

生能够看到猎人胃的活动。

巴甫洛夫受此启发，把一只狗的胃切开，将食管切断，再把两个断头接到体外。当狗饥饿难忍、狼吞虎咽的时候，咽下去的食物半路上又从食管切口处掉了出来。虽然狗不停地吃，可是胃里还是空空的。有意思的是，狗的嘴巴一张一合咀嚼食物时，胃液就一滴一滴地滴了下来……

“天呐，没有一点杂物的胃液是透明的。”巴甫洛夫看到狗胃里虽然没有得到食物，可是仍然在分泌胃液，震惊不已，立即断定：狗的胃液分泌，不是食物刺激，而是在大脑命令下才产生的。

巴甫洛夫从这个实验中发现了大脑的“秘密”——它是指挥全身各个器官协调工作的“司令部”，人体的所有命令都是依靠它来发布的。后来，他又通过一些独创的科学实验，第一次对高级神经活动做了准确描述，为研究人类大脑皮层一系列复杂的高级神经活动开辟了道路，被人们誉为“生理学无冕之王”。

◎ 巴甫洛夫·伊凡·彼德罗维奇是俄国生理学家、心理学家、高级神经活动学说的创始人，在心脏的神经功能、消化腺的生理机制、条件反射理论等方面有杰出的研究成果。

被洪水吓傻的狗

● 受到洪水惊吓的狗，出现了哪些反常现象？ ●

“汪汪，汪汪……”汹涌的洪水把关在铁笼里的狗吓得狂叫起来，狗紧张极了，害怕极了，拼命地扑腾着，希望冲出笼子！

这是俄国著名生理学家巴甫洛夫用来做实验的狗，时间是1924年的一天。经过这次“折腾”，这些狗都吓出了毛病。巴甫洛夫发现：

突然间，这些狗不认识天天与它们打交道的人了，喂食的时候，连头也不抬；平时，只要灯光一打，由于条件反射的作用，这些狗就会跑过来，胃里就会分泌出胃液来。现在，这些现象全消失了……

“一定是这场大水把它们全吓坏了，”巴甫洛夫望着一只只目光呆滞的实验狗，心里想，“可见，强烈的刺激损害了狗的中枢神经，让狗患了一种精神症”。

由此，这位爱动脑子的科学家立即想到了人类的精神毛病，希望把自己的研究成果用到人类的疾病治疗上。于是，他来到了位于列宁格勒（现在的圣彼得堡）的一所特殊医院，住在这里的都是精神上不太健康的人。

“瞧，这个病人受到了一次精神创伤后，就这么一直昏睡着，不吃也不喝，只靠滴液来维持生命。”一位医生向巴甫洛夫介绍说。

“可是，我们请教了许多名医，至今也没有诊断出他患的是什么病，真是怪事。”另一位医生接着说，“仔细查一查，这位病人的器官根本没有病，他就像是在睡觉一样。”

巴甫洛夫从水灾中实验狗受到惊吓后出现的反常情况，想到了这位病人，他停了停，对医生说：

“他实际上没有病，只是脑子受到了强烈的惊吓才出现一种深度的抑制，进入了睡眠状态，像动物的冬眠一样。也许有一天，他会突然醒来的。”

后来，巴甫洛夫第一个在世界上提出了“精神症”这一概念，并发明了用药物加深睡眠的方法来治疗，给许多患者带来了福音。

◎ 巴甫洛夫用狗做实验证明，经过训练，铃声一响或红灯一亮，狗就开始分泌唾液，从而解开了动物消化之谜，并于1904年获得诺贝尔生理学或医学奖。

血管，可以“造假”

● 鲍勃为什么要拉长聚四氟乙烯管，结果怎么样？ ●

1969年的秋天，美国的戈尔公司用聚四氟乙烯作为原材料生产的带状电缆的业务量逐渐减少，企业陷入了困境。父亲戈尔希望儿子能在节省材料上下功夫，语重心长地说：

“节省原材料就能提高利润。”

鲍勃觉得父亲的话很有道理，希望把这种聚四氟乙烯拉长来降低成本。不过，当时的高分子加工领域的人都认为这是不可能的。

真是不能拉长吗？是不是有人真的拉过？年轻气盛的鲍勃就是不服输。于是，连续三天，他把一根聚四氟乙烯管放在实验室的烘箱里慢慢烘烤，然后抓住两端，轻轻地拉。可是，每一次都是“啪”的一声，把管子拉成了两截。一天晚上，他又在做拉长的实验，拉一次失败一次，又气又恼的他，恨恨地抓住管子猛地用力一拉：嘿，1英尺（1英尺约等于30.48厘米）

的管子竟然一下被拉成了两臂长。原来，拉长它有窍门：烤热后用力要猛！

聚四氟乙烯管能够拉长这一爆炸性的改变，迅速为戈尔公司带来了效益。

一天，鲍勃的父亲和几个朋友在山上滑雪，无意间拉伸聚四氟乙烯管子。一位医生朋友看了，立即惊讶地询问这是什么新玩意。鲍勃告诉他，这是聚四氟乙烯管，只要给它一定的热量和力度就能拉长。

“热量？力度？人体的血是热的，血的流动是有力的，能不能用它代替血管呢？”这位医生兴奋起来。

“大胆试一试吧，一旦成功，那可是造福千秋万代的事。”鲍勃也激动了。

后来，这位医生先用这种管子在猪身上做试验，果然能把猪的心血管接起来。接着，他又在人体上进行试验，发现人使用了这种管子以后，管壁上会长出小泡泡。这说明，用聚四氟乙烯做成的人造血管强度还不够，经受不住血液的压力。鲍勃和公司的其他成员立即进行攻关，经过 20 多次的试验，世界上第一根人造血管终于问世，使无数心血管病人获得了第二次生命。

◎ **据了解，全球每年有超过 60 万人需要进行血管重建手术。很多病人通过使用人造血管，过上了健康的生活。**

神奇的换心术

● 心脏移植手术的实验，最初是从哪种动物身上开始的？

1979 年 2 月 23 日，法国一位名叫特维尼丝的妇女在家中举行了一场庆典，在当时引起很大轰动。抛开这场庆典不说，最吸引人的地方还在于她是当时世界上接受心脏移植后活得最长的人。这种神奇的手术使她逃离了濒临死亡的绝境——12 年后，仍然可以在家中举行庆典。

这魔术般可以玩转生死存亡的换心手术，在很多年前就已经有所记载。传说，我国 2 300 多年前的名医扁鹊就曾经做过换心手术。然而，这种手术的发扬光大却是 20 世纪的事。

1958 年，医学家哥德伯格将一条狗的心脏切除，依靠人工机体外循环维持生命，然后将另一只狗的心脏移植过来。这条狗存活了 17 分钟。这个实验让人看到了人工移植心脏手术的希望。

1967 年 12 月 4 日，在南非开普敦市，医学家班纳德对一位心脏病重症患者进行心脏移植手术。他将一颗来自死于车祸的年轻人身上的心脏，事先用低温生理盐水灌注，以维持细胞活力；接着，将这颗心脏移植到这位重症患者身上。在一旁的助手紧张得屏住了呼吸，期待着这个医学史上奇迹的诞生。但是，移植过后，心脏只是轻微地颤动，并没有跳动。班纳德立即对助手发出指令：

“用电击器电击心脏，刺激它跳动！”

仿佛空气都停止了移动的脚步，等待着奇迹时刻的到来。果然，病人的心脏开始缓慢跳动，不久就变为有规律的跳动。这场伟大的医学实践终于取得了成功。班纳德也含着泪花和助手们相拥在一起。可惜的是，病人在心脏移植后的第 18 天，由于患严重肺炎去世。他的第 2 例心脏移植患者仅存活了 20 个月。不过，他的“换心术”成功了，这是不可争辩的事实。

就这样，在一代又一代伟大的医学实践者努力下，心脏移植手术逐步走向成熟，从而谱写了医学史上最为感人和骄傲的篇章。

◎ 1978 年，张世泽等医师在上海瑞金医院完成我国第 1 例人体心脏移植手术，患者存活了 109 天，在我国心脏移植史上开创了先河。

医生的“照妖镜”

● 美国物理学家柯马克的“奇思妙想”是什么？ ●

1895 年 11 月 2 日，秋风瑟瑟，落叶纷飞，德国物理学家威廉·伦琴偶然中发现了一种神奇的 X 射线！如果你走到荧光屏前，想用一只手去挡住这种射线的话，在荧光屏上就能清晰地显示你手指的形状，甚至每一个指甲都一清二楚。

从此，X 镜一夜之间享誉全球。

1957 年，美国物理学家柯马克在一家医院兼任技师。他亲眼看到一些癌症患者在癌细胞的折磨下痛不欲生的情景。可是，他在使用伦琴的 X 镜为患者进行透视时，只能看到病人的骨骼或肺部疾病的影像。

“能不能发明一种机器，可以对病人的细胞进行逐一扫描呢？也就是说，像用 X 镜能看到骨骼一样，用这种机器能看到细胞。”经过一番深入的思考，他想，“如果要把电子计算机与 X 镜联在一起，同步工作，那样的话，对病人的病情检查一定会更细、更准。”

柯马克为自己的“奇思妙想”而激动。

与此同时，另一位英国的电子工程师洪斯菲德也在不同的岗位思考着同一个问题：把X镜与电子计算机结合在一起。

虽然远隔重洋，他们却不约而同，想到了一块儿：把两种机器结合在一起，多么大胆、多么惊人的创意！在研究中，他俩发现X射线对人体的各个组织吸收程度不同，而计算机就能分层来计算它的吸收程度，这样，癌细胞就能被一个一个地“计算”出来了。

经过十几年的潜心研制，世界上第一台电子计算机控制的X射线扫描机（简称“CT机”）终于诞生。这种机器能将人体内要检查的部位，分成数以万计的小点点，再通过X射线显像机，把人体内的5至10毫米的病体都能一一“照”出来。人体的脑、心脏、肝脏等器官，在CT机的“火眼金睛”下，只要有病变的“蛛丝马迹”都能看出来，就像神话中的“照妖镜”。

这一年，是1971年。

现在，第五代CT机已经产生，从原来检查“诊断”要几分钟变成只需几秒钟，几乎是“望一眼”就知道结果了。瞧，多神奇！

◎ **为了纪念伦琴，人们把“X射线”又称为“伦琴射线”。这种射线能够穿透人的衣服、皮肉、骨骼。**

震惊世界的第一声啼哭

● “试管婴儿”之父为什么说，“果实”摘起来很艰难呢？ ●

世界上哪一位婴儿的诞生最激动人心，或者说，最吸引全球人的目光？无疑，是英国人路易丝·布朗。

1978 年 7 月 25 日深夜 23 时 47 分，一个婴儿的啼哭声，震惊世界。世界各地的记者也蜂拥而来，纷纷报道“两千年以来令人最急切期待的一次分娩”。原来，路易丝·布朗是世界上第一个试管婴儿。

路易丝·布朗的母亲患有输卵管不通畅的生育障碍病，结婚 9 年也无法生育孩子，这让他们夫妇非常痛苦、焦虑。1977 年，他们夫妇破除传统的生育观念，在医生的帮助下，在试管里“怀”上自己的孩子，然后移植到母体里发育成长。

“试管婴儿”的到来也像人类其他重大发明一样，走过了一段曲折坎坷的道路。

最早进行试管婴儿研究和试验的是英国医生帕特里克·斯特

培托和医学博士罗伯特·杰佛里·爱德华兹。1970 年，斯特培托和爱德华兹宣称已经做好把试管中的胚胎植入子宫的一切准备。他们认为，世界上第一个“试管婴儿”马上就要诞生。可是，他们做梦也没想到，唾手可得的“果实”摘起来却那么艰难。

“怎么会早产呢？难道是母亲体内缺少什么营养？”面对一个个早产儿，斯特培托皱紧了眉头。

“不会的。”爱德华兹认真地说，“各项测试不都很正常吗？”

“是不是胚胎在试管中发育不正常？”斯特培托接着说。

“是太早，还是太晚？”斯特培托的话在爱德华兹心中划过一道闪电。

此后，他们又经历了 200 多次，花费 8 年多时间，终于找到了答案：胚胎在体外培育时间不宜过长。

1977 年 11 月 10 日，路易丝的胚胎在试管中形成，2 天半便植入母体，果然获得成功。

可见，试管婴儿是在妈妈的体外形成早期胚胎，然后移植到妈妈的子宫里，最后还是要在子宫中孕育成为孩子。这一生育技术的发明，为无数生育有障碍的家庭带来了天伦之乐。

◎ 科学家把“试管婴儿”与世界首例心脏和肾脏移植相提并论，赞誉为医学史上的“三大奇迹”。斯特培托和爱德华兹也被人们并称为“试管婴儿之父”。

牡蛎的启示

● 牡蛎是怎样感知外界变化，并立即关闭壳体来保护自己的？ ●

最早的水雷是我国明朝人发明的，是一种密封的大木箱，用油纸和油布包裹起来，在箱子里装着黑火药，叫“水底雷”，后来外国人才相继发明“磁性水雷”“音响水雷”等。不过，这些水雷很快都有了“克星”，只有“水压水雷”在较长一段时间里没有可行的扫雷工具，曾经“骄傲一时”。

发明水压水雷的是德国海军武器研究所的专家施纳德。

有一天傍晚，施纳德来到海边散步。沐浴着徐徐吹动的海风，踏着湿润的金黄色沙滩，他偶然发现了一只牡蛎（也叫蚝），正吸附在一块较大的岩礁上，微微地张开着躯体，以捕捉水中的浮游生物。

“呀，不怕风浪的小家伙！”施纳德喜悦地蹲下身子，凝望着。

他是一位知识渊博的武器专家，从一本书中看到过介绍牡蛎的文章，知道牡蛎对水压变化非常敏感，要是有较大的鱼在它的身边游动，便会引起周围的水压变化。牡蛎能够很快地感受到这些变化，并立即关闭壳体以保护自己。

“能不能发明一种利用水压变化来引爆的水雷呢?”施纳德一边饶有兴趣地继续观看牡蛎慢慢地蠕动，一边兴奋地想，“这种水雷就像牡蛎一样，能敏感地感受到周围的水压变化，而潜艇或军舰只要在水中游动就会引起周围的水压变化呀!”

想到这，施纳德激动不已，立即回到自己的研究室，根据这个思路，查找资料，设计草图，终于于 1944 年初制造出了世界上第一枚水压水雷，起名叫“蚝雷”。

水压水雷的诞生，在二战中给英国海军制造了许多麻烦，因为它抗扫雷能力很强，直至盟军在诺曼底登陆，也没有研制出对付它的扫雷工具。

【小档案】

◎ 水雷家族中还有音响水雷、磁性水雷等。音响水雷是利用舰船发出的响声来引爆的，而磁性水雷不需要舰船直接碰撞，只要有舰船出现，就会改变它周围的磁场，从而引爆水雷。

蓖麻蚕的移民风波

● 蓖麻蚕是印度来的小昆虫，它们是通过怎样的方法在中国过冬的呢？ ●

1951 年的一天，夜已经很深了，但是在实验室里工作的生物学家朱洗先生还在聚精会神地观察着眼前的一筐蓖麻蚕，丝毫没有睡意。

是什么精神在鼓舞着他的斗志？是对生物学研究新方向的欣欣向往，还是对刚刚成立不久的新中国的热爱？

原来，为了发展祖国的养蚕事业，他一心想把习惯居住于印度的蓖麻蚕移民于中国。但是这些可爱的小昆虫，一直不能适应这里的气候环境，他曾经想通过温箱冬眠的方式来养殖这些蓖麻蚕。然而这些倔强的小昆虫，躺在箱子里就再也没有醒来，这下可急坏了我们的生物学家。这些宝贵的小昆虫可是第三次从印度购回来的蚕种培育的，不知有多少人为它们的安家落户付出了辛勤的汗水！

可是，这些小昆虫丝毫不领情。

“怎样才可以使它们在这儿安家呢？这对于我国养蚕事业的发展起着重要的作用啊！”想到这，朱洗望着这些可爱的小昆虫发起呆来。

为了解决它们过冬的问题，他查阅了大量的资料，仍旧没有找到很好的解决途径。这毕竟是一条没有前车之鉴的道路啊！正当他苦思冥想的时候，几只扑腾着翅膀的野蛾从窗外慢慢地飞过。在昏暗的背景下，这些小昆虫像是从另一个世界飞来的神秘战士。

“呀，它们干什么？从哪儿来，要到哪里去？生命力为什么这么坚强？”刹那间，一连串问题在他的脑海里浮现，接着，他脑中突然产生了一个奇特而大胆的创造性想法：

要是将蓖麻蚕和这些习惯过冬的野蛾进行交配，它们的后代一定是非常优秀的，也一定能在中国安家落户！

于是，他帮助这些野蛾和蓖麻蚕组织了新的家庭，不久，它们的后代出生了，困扰了他心中很久的难题也迎刃而解。就这样，李洗为我国的养蚕事业做出了重要贡献。

◎ 蓖麻蚕的茧丝可以作为绢纺原料，纺织高级的织物。蓖麻蚕蛹含有丰富的蛋白质、脂肪以及多种人体所必需的氨基酸和矿物质，是人类很好的保健食品。

粘满裤腿的牛蒡籽

● 麦斯楚奇怪地拿起了显微镜，发现了什么？ ●

如果问你，魔术贴是什么，你也许一下子答不出来。可是，只要说是小孩鞋子上代替鞋带的东西，你一定会恍然大悟。其实，它太贴近我们的生活了，在衣服、箱包、血压计等日常用品上，随处可见它的身影。它是瑞士工程师麦斯楚发明的。

1984 年的一天傍晚，麦斯楚踏着斜阳的余晖，来到郊外散步，不知不觉地走向了草丛深处。回家以后，他发现裤腿上粘满了牛蒡籽（牛蒡草结出的果实），立即拿起裤子用力地甩呀甩，希望能把这些芒刺甩掉，想不到它像在裤子上生了根似的，牢牢地“吸”在上面。

“真是怪事，小小的带刺的籽儿，哪来这么大的力量，吸得这么牢，莫非还有其他什么魔力不成吗？”麦斯楚奇怪地拿起了显微镜，想看个究竟。

在显微镜下，麦斯楚发现它粘在衣服上的原理很简单。

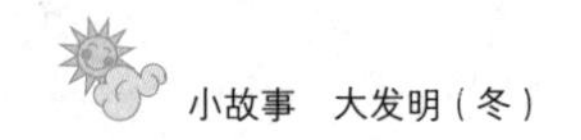

原来，这些牛蒡籽上的刺就像一排钩子互相联结在一起，只要碰上了布料，自然会紧紧地钩附在上面，风吹不掉，抖也抖不掉，只能一根一根地把它“捏”下来……

“能不能制作一种新式的按钮，像牛蒡籽一样，紧紧地粘在衣服或其他物品上呢？”麦斯楚放下显微镜，在心里联想起来。

他想到了尼龙扣，想在前人的基础上有更大的进展或更新的发明。

于是，他再次来到了散步的地方，寻找那些牛蒡草，小心地观察起来，并逐个逐个地研究，像着了迷似的，一看就是一个多钟头……然后在心里勾画着新式“拉链”的草图。后来，麦斯楚用了整整 8 年的时间，设计制造出一种新产品，也就是我们今天大家都知道的魔术贴。

这种魔术贴是两排尼龙织成的，一排是无数个小的钩子，另一排是许多小的环孔，当两排按在一起的时候，能够紧紧地粘合在一起，轻易不会打开，卡得非常紧，粘得非常牢。

魔术贴具有耐用、质轻、方便拉开、容易清洗等许多优点，既像拉链那样方便，又不像拉链那样容易卡住，一投放到市场就大受欢迎。

◎ 魔术贴又叫粘扣带、粘扣、子母贴、刺毛贴等，是 20 世纪 50 大发明之一，已经被广泛应用到鞋服、医疗、电子、航空、军事等领域。

为苹果树当“媒人”

● 米邱林 8 岁的时候，为什么哭了？ ●

世界上，第一位为果树进行人工传授花粉的，是俄国的农学专家米邱林（1855—1935）。

小时候，爱好园艺的父亲为米邱林种了一棵中国苹果树。可是，一直到米邱林 8 岁的时候，这棵树才结出比樱桃还小的果子。米邱林哭了，并在心里暗暗发誓：

“长大了，我种出的苹果树一定要结又大又甜的苹果。”

可是，不幸接踵而来：在中学时，因为他不满学校的教育方式，与老师产生了分歧，被校长赶出了校门；接着，父亲积劳成疾，离开了人世……米邱林只好在艰难困苦的生活中挣扎。

为了实现小时候的理想，他终于用积攒的微不足道的那点钱，在自己的住处开辟了一块小小的果园，也种上了中国苹果树，开始了改良苹果树的试验。邻居们见了，都笑话他：

“一个穷光蛋也要搞什么研究，真是天方夜谭。”

“好不容易弄了个小果园，竟然种这些连半个卢布都不值的东西。”

“傻子还能做出不傻的事吗？跟自己开开玩笑而已。”

米邱林听了，反而更加坚定自己搞研究的决心。他知道，果实的大小与果实的花粉质量有关。于是，他请南方的克里米亚和高加索地区的园艺师们帮忙，恳求他们把能结出又大又好的苹果的花粉寄到北方来。接到这些花粉后，米邱林高兴不已，在果树开花的时候，将花粉小心翼翼地撒到了自己的果树花上，第一次为苹果树当起了“媒人”。

然而，这些花粉容易被风吹跑或被小昆虫带走，这样，花粉的质量又改变了。怎样才能解决这个问题呢？

他想呀想，就是想不出什么“高招”来。后来，他受灯罩启发，用纱布罩子把一朵朵人工授粉的花朵罩了起来。这样，既不会让蜂蝶等昆虫来“骚扰”，又保证了空气和阳光不被隔开。几个月后，他打开纱罩，终于看到了亲自育出的果实。虽然没有希望的那么大和甜，但是，人工授粉毕竟成功了。

于是，米邱林不断研究，不断试验，使人工授粉的技术得到了进一步提高，终于培育出了又大又甜的苹果，自己也成了举世闻名的园艺家，一生发现了 300 多个植物新品种。

◎ 自然授粉中，有的依靠风力，有的需要蜜蜂、蝴蝶等帮忙，有的水生植物还可以借助水力，此外，蜂鸟、蜗牛、蝙蝠等也能传花授粉。

让果蝇“生孩子”

● 摩尔根从小就对大自然充满了好奇，表现在哪些方面？●

一百多年前，人们不知道“基因”是什么，更不知道“遗传的秘密”。现在，在一些科普报刊上，我们会经常看到“基因工程”“基因库”等时髦的科学用语。那么，到底是谁最先揭开基因的奥秘？他就是美国哥伦比亚大学的生物学教授摩尔根。

1900 年前后，有三个不同国度的生物学家同时发现了植物的遗传规律，这一发现与之前孟德尔在《植物杂交试验》一文中的观点是一致。在孟德尔理论中，遗传和变异是由“遗传单位”决定的。那么，“遗传单位”又是什么呢？这是一个谜。

1908 年，摩尔根开始关注、研究“遗传单位”这个问题，并决心解开这个谜团。他从小就是一个“生物迷”，对大自然充满了好奇，最喜欢到野外捉蝴蝶、逮虫子、掏鸟窝。为了观察昆虫是怎样采食、筑巢，他甚至趴在地上半天不起来……

这一次，他专门繁育了成千上万只果蝇，以便于实验观察。

有一天，他惊奇地发现，饲养的许多红眼果蝇中竟然有一只雄性的白眼果蝇：

“来，逮住它，把它放到一只新的饲养瓶里。”摩尔根对他的助手吩咐说。

摩尔根对这只白眼果蝇表现了极大的兴趣。

“这……”助手们不解地问，“要囚禁这只白眼果蝇？”

“不。再弄一只雌性的红眼果蝇。”摩尔根的话一出口，助手们就恍然大悟了：原来，摩尔根想让果蝇“生孩子”。

这样，这对果蝇很快产出了第一代果蝇，而且全是红眼蝇。后来，第一代红眼蝇与别的果蝇交配后产出了第二代果蝇，既有红眼蝇又有白眼蝇，其比例非常接近3∶1，与孟德尔的理论正好印证。

摩尔根兴奋不已，继续对果蝇深入研究，终于解开了生命的“密码”——染色体就是基因的载体，遗传是由染色体上的基因决定的。男女性别之谜也终于被揭开了，并催生了生物学上一系列重大发明创造。

【小档案】

◎ 1928年，摩尔根总结20多年的经验完成了遗传学名著《基因论》，创立了影响巨大的基因学说，并于1933年获得诺贝尔奖。

可爱的“小怪鱼”

● 想一想，为什么说童第周培育的是一种“怪鱼”？ ●

“童鱼”既不是金鱼，也不是鲫鱼，它是生物学家童第周“发明”出来的一种鱼。

童第周是我国浙江人，少年时家境不好，父亲早逝，是在亲友们的接济下读完中学的。新中国成立后，学有所成的童第周放弃美国的优厚待遇，毅然归国，写出了一篇篇很有影响的论文，在胚胎学的研究上展现了较深的造诣。

有一次，童第周做完实验回到家里，慢悠悠地对妻子说：

“生物学界普遍认为，生物保持代代相传的遗传特征，是因为细胞核在起作用。可是，我通过这些年的研究，老是觉得细胞质在遗传中也会起作用。”

“是这样吗？那你就做个实验来验证一下嘛。”妻子笑着说。

妻子的一席话让童第周豁然开朗。

从 1973 年 5 月至 1976 年 5 月，童第周在妻子及学生的协助下开始了一个大胆的实验：他端坐在显微镜前，手里紧紧地捏着镊子，夹起金鱼的受精卵细胞。金鱼的细胞很小，比一颗小米粒还小，稍不在意就会把细胞弄破。但是，他早已练成的那双灵巧的手，娴熟地撕开了金鱼卵的细胞膜，又用一根极细的玻璃丝针吸出了金鱼胚胎的细胞核，这个金鱼卵就只剩下细胞质了；接着，他又把细胞质注射到一条鲫鱼的一个去核的卵细胞中……

不久，这些受精卵长出了一条“怪鱼”：它们的身子像金鱼，但是没有金鱼那柔软的双尾，而长着鲫鱼那样的挺直的单尾！

“实践证明，生物遗传不是仅仅取决于细胞核，细胞质也在起作用啊！”童第周看着那一条条可爱的“小怪鱼”，惊喜万分。

“小怪鱼”是童第周汗水、意志和心血的结晶，凝聚着他的智慧和求实精神。这个实验立即轰动了整个生物界，改写了传统的生物学遗传理论。

后来，我国著名学者赵朴初看到童第周培育出来的、大自然中从来没有过的鱼，给它起了一个叫响至今的名字——童鱼。

◎ 1950 年，48 岁的童第周提议，中国科学院在青岛设立海洋生物研究室。在那间十平方米的办公室兼实验室里，童第周对文昌鱼和海鞘等进行了一系列的实验胚胎学研究，开创了我国“克隆”技术的先河。

没有爸爸的癞蛤蟆

● 朱洗在国外就读时，就想给蛤蟆创造一个奇迹，实现了吗？ ●

大家都知道，青蛙、蛤蟆等动物像人类一样，既要有爸爸，又要有妈妈。可是，生物学家朱洗一直固执地认为，没有爸爸也能“生”出蛤蟆来。这个有趣的念头，在他25岁那年，考入法国蒙彼利埃大学生物系学习时，就深深地植入了心中：

“老师，如果动物没有爸爸或没有妈妈，能不能生育后代呢？”

“什么？没有爸爸或没有妈妈也能生育出后代？那是天方夜谭！”老师不屑一顾地说。

“傻子才会这样想问题。”同学们投来了轻蔑的目光。

朱洗听了，面红耳赤，知道争论是没有用的。

有一天，他到郊外散步，看到了草丛中一只步履笨拙的蛤蟆，顿时眼睛一亮：没有人瞧得起的蛤蟆，我一定给你创造一个奇迹！

朱洗决定从这个极小的、极普通的，甚至让人瞧不起的蛤蟆身上做起实验来。虽然大学的实验室里具备了各种实验条件，可是，他做的实验一次次都失败了；直到 31 岁那年，拿到了博士学位的他，还是没有“生”出没爸的蛤蟆。

回国后，朱洗被分配到上海实验生物研究所工作，再次想起了大学时代的那个“天方夜谭”。

1958 年冬天，朱洗又开始了一次新的实验。他先是把一只母蛤蟆放进冷库里，让它冬眠。第二年春天，又把母蛤蟆“请”了出来，再轻轻地剖开了它的腹部，取出卵巢，放到了温室。随后，他拿着一根尖细的玻璃丝，把卵子刺出了一个小洞洞，然后让涂在卵子表面的血液慢慢渗进卵子中；最后，把它放到了一个特殊的容器里……

过了一段时间，那容器中果然长出了一个个小蝌蚪了；又过了一段时间，那一个个小蝌蚪变成了一个个小蛤蟆。至此，一群没有爸爸的小蛤蟆终于诞生了。1961 年，在他的实验室里，还培育出世界上第一批“没有外祖父的癞蛤蟆”呢。

朱洗的“人工单性生殖”实验的成功，成为生物遗传学中一项伟大的创举。

◎ **朱洗（1900—1962）是我国细胞学、实验胚胎学开拓者之一。1961 年，上海科教电影制片厂拍摄了科教片《没有外祖父的癞蛤蟆》，记录了这位生物学家一生中最后的科学活动的影像。**

人类的“七十二变”

● “大自然是人类最好的老师”，在故事中具体指什么？ ●

1998 年 2 月 27 日，英国《自然》杂志上公布了英国爱丁堡罗斯林研究所威尔莫特等人的一项重大而又特殊的“发明”：“克隆”羊多利诞生了！无疑，它像一颗原子弹在瞬间爆炸，引起了全球的关注、惊疑……那么，人类为什么要研究“克隆”技术呢?

大自然是人类最好的老师。生物学家早就发现，如果把一根葡萄枝切成十段，栽在泥土里，就会长出十株葡萄；一块仙人掌，要是切成几块，每一块都能落地生根，长成新的仙人掌……这种靠自身的一分为二或自身的一小部分的扩大来繁衍后代，在生物学上叫无性繁殖，音译为“克隆”。

植物的“克隆”本领很强。英国科学家威尔莫特等学者也想对动物“克隆”，希望动物能够像葡萄和仙人掌那样，会七十二变，一变十，十变百……

“动物也能像中国的孙悟空那样七十二变?”人们对威尔莫特的研究持怀疑态度。

其实，早在1938年，德国科学家就提出了哺乳动物克隆的思想。威尔莫特支持这一观点。威尔莫特是一个“固执”的人，他带着他的攻关小组坚持从“苏格兰黑面羊”体内，用极细的吸管从卵细胞中取出了细胞核，又从“芬多席特”六龄母羊的乳腺细胞中取出细胞核，然后通过人工的方法让这两种细胞核相互协调，再把它“组装”成新的细胞，让它分裂、发育成胚胎，最后将这个胚胎巧妙地放到了另一只母羊的子宫里。

“这真是天方夜谭，完全乱了套。”

“不要爹妈也能生出孩子来，这怎么可能！生出来也活不了！”

人们议论纷纷，甚至责难不断。然而，奇迹还是发生了：1997年7月，经过特殊的护理，这只母羊终于顺利产下了小绵羊“多利”。它没有爸爸，只有妈妈，而且是三个妈妈。其中，前两位妈妈给了它决定遗传基因的细胞核，最后一位妈妈给了自己长大的“温床”和必需的营养。

“克隆”羊的诞生，成为人类在生物学上伟大的发明之一。

◎“克隆”技术有助于培育良种、改善不良基因等。我国采用这种方法，已“克隆”了老鼠、兔子、山羊、牛、猪等多种哺乳动物。

一顿尴尬的晚餐

● 酒店不赊账，这位美国商人为什么感到无比沮丧？ ●

在当下，可以刷卡消费购物，这是连幼儿园的小朋友都知道的常识。“手持一张卡，走遍全天下”，在超市、银行、宾馆、加油站、娱乐场所等地方消费起来既快捷，又安全。不过，世界上第一张信用卡的诞生，是在一次晚餐的尴尬中诞生的。

那是1950年的一天晚上，美国商人费兰克·麦克纳马拉在一家豪华的酒店宴请客人。灯红酒绿，杯觥交错，丰盛的美味佳肴，热烈友好的气氛，让宾客双方都感到满意、欣慰。然而，“天下没有不散的宴席”，酒足饭饱后，弗兰克·麦克纳马拉站起来，小心翼翼地拿出一沓钞票，走向服务台付款：

“对不起，我的钱不够，能不能等一下，让我回家拿钱？”

“先生，我们这里是不赊账的。”服务员彬彬有礼地说。

“噢，能不能请你们的经理来？我和你们经理很熟。”紧急关头，弗兰克·麦克纳马拉心生一计：向经理交涉一下，让他回家拿钱再付账。

“哎，真对不起，我们没有这样的规矩。再说，经理出差在外，我们也不认识你呀，谁知道你走了还会不会回来?”服务员再次委婉地拒绝了他的请求。

弗兰克·麦克纳马拉感到沮丧无比。最后，他只好打电话回家，请太太把钱送来付账。这一幕，让参加宴会的朋友看得一清二楚，不仅弗兰克·麦克纳马拉，连他的太太都感到非常尴尬，很失自尊。

“我不是没有钱，是没面子呀。”很久以后，他仍然忘不了那难堪的一幕。

为了“报复”那家饭店，弗兰克·麦克纳马拉组织发起了一个“晚餐俱乐部”：参加这个俱乐部的人，都有一张记账卡，在某些特定的宾馆饭店，凭卡可以记账消费，根本不用付现金。凭着他的精明和活动能力，俱乐部成员很快发展到 200 多人，在纽约 27 家饭店通用！这就是最早的持卡消费，也是世界上第一张信用卡。

现在，信用卡成了世界公认的最流行的信用支付工具。

◎ 1952 年，美国加利福尼亚州的富兰克国民银行看到了信用卡的潜在价值，率先发行银行信用卡。此后，很多银行加入发卡银行的行列，银行信用卡也流行起来。

商品的“身份证”

● 在日常生活中，条形码有哪些用途？ ●

不论是书店，还是超市，我们付款都不再需要像过去那样报价了，营业员拿着条码扫描器对准条形码一扫，商品的价格就立即出现在电脑上，快捷而又准确。那么，是谁发明了条形码，又是怎样发明的呢？

1952 年，美国的一位名叫伍兰德的人，一直想为商品设计一种标识码，以方便商品的流通和管理。有一天，他无意间想到了一条妙招：

“用一组同心圆环，通过每个圆环的宽度和圆环之间距离的变化，来标识各种不同的商品。”

这就是伍兰德的类似“牛眼”的商品标识码，并获得了设计专利。可是，当时计算机技术水平有限，用它来管理商品仍然困难重重，难以如愿。

20 世纪 70 年代后，随着计算机和激光扫描技术的日益成熟，人们利用统一的商品标识码对商品实行计算机管理的时机已指日可待。1971 年，美国为了选择一种快捷、简单、准确，并可以用激光扫描仪读取的商品标识码，成立了标准码委员会负责这项工作。伍兰德代表 IBM 公司加入了这个组织。

当时，IBM 公司在激光扫描技术和商品标识码的研究中处于领先地位。伍兰德在研究中发现，自己起初所设计的“牛眼”码在实施上存在着许许多多的困难。于是，他又开动脑筋，对自己的“牛眼”码进行不断改进、完善，终于设计出了一种条形码。

“瞧，它就像商品的身份证。”伍兰德先生兴致勃勃地向美国标准码委员会的专家们推荐了他的作品，“只需要一台小型扫描器，商品名称、产地、价格等就立即出现在电脑屏幕上，并可以用电脑累计呢。”

经实际检验，借助 IBM 公司的技术力量，条形码技术终于得到了大家的认同，并逐步走向社会的各行各业。现在，大型商场，没有条形码的商品，已经是寸步难行了。

◎ **条形码技术应用广泛，涉及仓库管理、工业生产过程、图书文档、邮包信件和单据管理等。只要输入相应数据和指令，电脑就可以打印相应的单据和报表，既可以精确盘点，又提高了效率。**

能移动的电话

● 手机的生日是哪一天，为什么？ ●

20 世纪 60 年代以前，电话是固定的。想打个电话，必须来到电话机旁边，先拨号码，再抓起听筒，才能与对方讲话。像今天这样把电话装在口袋里，随时随地打电话，那是不敢想象的。那么，是谁发明了手机这种可以移动的电话的？这个天才的发明家叫马丁·库帕。

1973 年的一天，摩托罗拉公司的马丁·库帕提出研制可以移动的电话，他希望能够和贝尔公司合作。毕竟，贝尔公司是世界通信行业的巨头，拥有超强的技术实力。

“对不起，我们还没有考虑。”贝尔公司的技术负责人婉言相拒，“再说，无论从市场，还是从技术层面，都为时过早。”

“能不能先从技术上合作，先研制，后开发市场？”马丁·库帕觉得产品至关重要。

“对不起，我们现在固定电话的业务还忙不过来呢。”这位技术专家放下电话，礼貌地说，“将来有机会我们再合作吧。”

马丁·库帕吃了闭门羹，心里酸辣辣的。

“求人不如求己。”深谋远虑的马丁·库帕决定带着团队自己干。

为什么要研制能够移动的电话呢？他心中想，为了方便联系，人们不可能永远安于这样呆呆地守着电话。按照事情的发展规律，一定会越来越快捷，当然会想到把电话拿在手里，可以随时接听。因此，他决心用自己的技术实力来证明手机是可行的。

说来谁也不会相信，六个星期后，马丁·库帕带着他的技术团队，竟然研制出了世界上第一部手机。当时，它被称作“便携式”电话，也叫“大哥大”。这是一个采用数以千计的零件制造而成的，具有无线通话功能的机器。

具有讽刺意味的是，马丁·库帕向对手宣告自己胜利的方式，竟然是在大街上用手机向贝尔公司的那位技术负责人打了一个电话。这次通话的意义非同寻常，它是人类通信史上第一次真正意义上的手机通话。这一天是 1973 年 4 月 3 日，被人们定为手机的诞生日，马丁·库帕理所当然地成了“手机之父”。

◎ 现在手机的功能越来越多，除了传统的电话功能外，兼容了游戏、照相、摄像、录音、听音乐等功能，还具有学习和智力开发等功能。

离不开的“网”事

● 在研究岛上地震时，为什么要把主机连接起来？ ●

“国际互联网”像通向世界各地的“神经”，把世界变成了一个小小的“地球村”。人们只需要轻轻点击一下鼠标，世界各地的图像、动画、语言等信息就会被“一网打尽”。谈起互联网的发明，不得不说夏威夷群岛上的火山爆发和地震的事儿。

20 世纪 70 年代初，一个研究火山活动及地震预报的专家小组被美国政府派往夏威夷群岛。这个小组有几十位专家，分部在岛上的各个观测点，除了研究资料和必备的工具外，还带上了当时最先进的电子计算机，因为在计算各种繁杂的数据时离不开它。

“能不能把我们的电脑主机连接在一起呢？”一位爱动脑筋的年轻专家提出了自己的想法，“这样有利于我们交流研究出的各种数据。”

“嗯，好想法！”负责这个课题组的领导点头同意，“如果把岛上的各个大型电脑主机连在一起，能够让每位科学家及时了解对方的研究成果和研究进度，实现成果共享。”

于是，这个课题小组借助无线电及电缆，使电子计算机上的信息能够迅速在各个成员之间交流。这就是现代国际互联网的雏形——局域网。

1975 年，美国国防通信局得知这个小组的“创举”后，敏锐地认识到它的潜力。

“要首先把我们国防部的信息系统联系起来，这样，下达命令、传递信息更准确、更快捷。”通信局的负责人请来了这方面的专家。

经过一番努力，1983 年，美国国防部通过电子计算机来迅速传递信息，跨越了时间、空间，成功地实现了文字、语言、图像等多种信息要素的大组合。

1990 年，军事专用的网络转向民用，实现了许多网络的大联合，不仅在美国本土，欧洲、大洋洲、亚洲等都连接起来了，成了国际间互相连接的一张大网，即国际互联网。它的诞生，被公认为 20 世纪以来人类重要的发明之一，并催生了相关产业。现在，人们已经离不开“网”事了。

◎ 1994 年起，互联网在我国“安家落户”。随着互联网在我国的深入应用，目前也已出现了网络传媒、娱乐、购物等丰富的应用模式。

雪原上划行的“小舟”

● 滑雪板的前端，为什么要改成向上弯曲？ ●

北方的冬天是一个冰封雪裹的世界，孩子们喜欢这样的季节，不是没有理由的：堆雪人、掷雪球，甚至捉野兔，闹腾得浑身热气腾腾。当然，最刺激、浪漫的还是滑雪：踩着滑雪板，犹如驾驶着一对小舟，双脚用力一撑，恰似划桨，箭一般地冲向了雪原深处……

滑雪运动的发源地在北欧。那里终年积雪，放眼望去，一片白茫茫的。在这样的环境里，任何先进的运输工具，都显得力不从心：要么是雪太滑，要么是工具太重，陷进雪坑里。于是，北欧的祖先们把滑雪作为一种重要的运输工具。忙碌之余，他们又把滑雪作为娱乐手段，就像在陆地上赛跑一样。在滑雪运动史上，有两个人的发明具有里程碑的意义。

第一位发明家是挪威的松德夫·诺德海姆。

1877 年，在挪威举行了历史上第一次正式的滑雪比赛，也正是在这次比赛中，滑雪板的问题暴露了出来。

“要改进滑雪板，否则，还会有滑雪者摔得鼻青眼肿，甚至丢掉性命。”滑雪爱好者松德夫·诺德海姆开始琢磨起来。

他发现，滑雪板太平，像一双鞋，可是滑雪速度快，一旦遇到雪堆、坡地等，滑雪板就会一头栽进去。1880 年，他终于有了一个创造性的主意，把滑雪板前端改成向上弯曲，极大地降低了滑雪板前端受阻而发生跌跤的风险。

第二个值得怀念的发明家是奥地利的茨达尔斯基。

1888 年，一支由斯堪的纳维亚人组成的探险队滑雪穿越了格陵兰岛，这在当时是了不起的壮举。有一天，茨达尔斯基阅读了他们的探险日记，既敬慕他们的无畏气概，又为滑雪中遇到的一些障碍叹惜。

经过一番思考，他研制了一种短型滑雪板和用来固定雪鞋的铁制固定器。这一发明，极大地推动了滑雪运动的发展。

从此，滑雪运动因为有了理想的工具，受到了人们的广泛欢迎，越来越多的欧洲人参与其中，直至成为奥运会的正式比赛项目。

◎ 1911 年 1 月 6 日，由英国罗伯特爵士发起并倡导，在奥地利的阿尔勒伯格举行了第一届高山滑雪比赛。1936 年，高山滑雪被列为奥运会的正式比赛项目。

小石子击中兔子洞

● 关于高尔夫球的发明，有哪些说法？ ●

“高尔夫”，原意是“在绿地和新鲜空气中的美好生活”。它是一种以棒击球入穴的球类运动，兴起达数百年之久，人们能在运动中享受大自然、阳光和清新的空气，集体育锻炼和游戏于一身。

关于高尔夫球的发明，众说纷纭：有的说，它起源于中国，在我国唐代有一种叫“步打球”的运动，参加的人要把小球打入门框里；有的说，它来自荷兰，大约在 1300 年，当地人在冰冻的运河上用棍子打球，目标是击中立在冰上的木桩……

当然，许多人相信，它的发明者是苏格兰的一位牧童，而且发明的动因很简单：把小石子击中兔子洞。

一千多年前，苏格兰有一个聪明调皮的小牧童，喜欢用牧羊棍击打地面上的小石子。有一天，他无意中将小石子打进了兔子洞里，一群小兔子吓得仓皇四散。

“嘿，你有这样的本领？是不是巧合呢？”另一个牧童发现了，大为惊讶。

“不是巧合。这是功夫呢。”小牧童故弄玄虚起来。

“鬼才相信呢，”那个不服气的小牧童气呼呼地说，“我们比试比试吧。”

随后，一群无聊的小牧童开始用路上的小石子练习自己的“功夫”。他们一边放牧，一边用驱羊的木棍来击打一颗颗地面上不起眼的小石子，看谁把石子击得又远又准，而兔子洞穴是小石子的最后归宿。从此，这种游戏在苏格兰的孩子中传开来了。这就是高尔夫的雏形。

有一天，几位苏格兰贵族来乡间旅游，无意发现了牧童的游戏，立即被它吸引住了，并把这种游戏带到了当时的上流社会。到了 1457 年，苏格兰人打高尔夫球不仅是如饥似渴，而且是嗜球成癖了。高尔夫球的魅力可见一斑。

现在，高尔夫运动已经成了一种时尚的贵族运动，在世界各地盛行起来。

◎ 1879 年，英国一个铁匠制造了一批铁的高尔夫球棒。1920 年，一位美国商人发明了一种铜质的空心圆管制造的球棒。1924 年，它被定为正式比赛用的球棒。

锯掉投篮的“筐底”

● 为了解决“取球难”的问题，他们想了哪些办法？ ●

1891 年的冬天，异常寒冷，美国马萨诸塞州的国际青年训练学院教练詹姆士·奈史密斯博士为了让学生御寒，突发奇想：找了当地农户用来装桃子的两只篮筐，分别钉在室内体育馆两端看台的栏杆上。

“老师，您这是干什么？”几个学生好奇地围观过来。

“嘿，你们不是怕冷吗？”奈史密斯直了直腰板说，“把足球往筐里投，看谁投的多。”

“噢，原来是让我们做游戏。”学生开心得大呼小叫。

当时，这位爱动脑筋的体育教练还制定了一些简易的规则，以足球作为比赛工具，向篮内投掷，按照投中的多少来决定胜负。

从此，室外常常是寒风呼啸，室内的学生却玩得大汗淋漓。遗憾的是，栏杆上钉的是真正的篮筐，每投进一球，就得有人踩着梯子去把球取出来。这样，比赛只得比比停停。为了解决这个问题，学生们出了不少点子，还特地请来了一位很有名气的发明家，专门制造了一种机器，放在下面的篮筐里，可以把球弹出来。虽然这种办法不用爬梯子，但是，仍不能让比赛不间断。

后来，有一个小男孩来看比赛，看到大人们一次又一次地跑到筐子下面取球，很不解地问：

“爸爸，为什么不把篮筐底子去掉，这样，球不就会自己落下来了吗？”

恰巧，一位球员听见了这句话，既惊又喜，立即跑出去，找来了一把锯子，把篮筐的筐底锯掉。于是，困扰人们多年的“取球难”问题迎刃而解。

从此，篮球比赛连贯、顺畅起来，并从美国逐渐传入法国、日本等国家，现在成了影响全球的三大球之一。

篮球的诞生本来是为了御寒的，现在成了一项迷人的竞技体育；本来是有筐底的，要搬梯子、造机器，直到锯掉了筐底，把复杂的事情简单化，才大功告成。发明创造的奥秘也许正在这里：多一点逆向思维，多一些锯掉筐底的勇气吧。

◎ 1892 年 1 月 20 日，奈史密斯制定了 13 条比赛规则，规定上下半场各 15 分钟，每方上场 9 人；第二年改为每半场 20 分钟，每方 5 人。1895 年，篮球运动传入中国。

空中的飞球

● 观看篮球比赛后，摩尔根为什么要发明“温柔的运动”？ ●

在叱咤风云的运动场上，篮球运动拼杀激烈，足球运动对抗性强，相比较，排球运动要温柔得多，双方被一张大网隔开，好像野蛮不起来。排球和篮球都诞生在同一个大学校园里。

1895 年的一天，美国马萨诸塞州的国际青年训练学院的学生威廉斯·盖·摩尔根在观看一场篮球比赛。突然，一个大个子球员飞身上篮，臂膀挥起，一下子击中了对方球员的眼角。顿时，那位矮个子球员脸上血流如注……比赛只好暂停。他被眼前的这一幕吓呆了，好久回不过神来。

“能不能不这么凶猛呢？”踏着校园的石板路，摩尔根仍是心有余悸。

“那还叫篮球吗？追求的就是这种刺激。”结伴的同学不以为然。

“难道就不能发明一种对抗性小一点的运动？”摩尔根接着说，“我一直在琢磨，篮球运动太激烈，要么改革，要么搞个新发明。”

“好吧，我们就等你的发明啦。”这位同学以讥讽的口吻说。

摩尔根一路无语，但一直在思考，包括那个难忘的晚上，都是辗转难眠。

时光在不知不觉中流逝，又一个周末来临了。摩尔根仍然在想如何发明一种“温柔的运动”。

“喂，傻想什么？打网球去。”同宿舍里的人轻轻地拍打着他的肩膀。

“网球？呀，有了。”摩尔根听见“网球”两个字立刻恍然大悟。

随即，摩尔根说出了自己的构想：把网球搬到室内，在篮球场上用手来打。于是，他兴致勃勃地找来几个要好的同学，把网球的网挂在篮球场上，像打网球一样，将篮球隔网打来打去，还把这种游戏叫“空中飞球”。其实，影响世界的排球已经诞生了！

1896 年，在马萨诸塞州的斯普林菲尔德市举行了第一次排球公开赛。与此同时，美国军队把排球列入军事体育项目，为排球运动的发展起到了推波助澜的作用。随后，排球传遍世界，而追溯当初的发明，用的方法也很简单：“移花接木”法。

【小档案】

◎ 1905 年，排球传入中国，被译作“队球”，主要取其分排站立之意，后来改为“排球”。1964 年东京举行的第 18 届奥运会上，首次进行了世界性排球大赛。

独树一帜的“李月久空翻”

● 李月久清楚自身的缺陷，是怎样通过“勤”来补“拙”的？ ●

中国的体育明星多得如天空的繁星，“月久精神”却是唯一的。李月久吃苦耐劳、忍辱负重，创造了体操的“李月久空翻”。

李月久刚到国家队时，一些教练并不十分看好他，因为他的个头十分矮小，要想在体操界做出一点成绩十分困难。家住辽宁营口的李月久从小就爱翻筋斗，越翻越好，被选进了辽宁省体操队。12 岁那年，李月久走进了国家体操集训队，粗壮短小的身材给他带来了不少猜疑和争议，但李月久就是认准了体操，认准了教练高健。

李月久十分明白自己的缺陷，希望勤能补拙，通过多种方式来弥补自己的缺陷。他暗暗下决心要利用对高难度动作的反复训练，来弥补自己身高的不足。功夫不负有心人。不知道流了多少汗水，磨出了多厚的老茧，跌破了多少次额头，经过不断的刻苦训练，李月久终于练就了一身好本领，掌握了几个世界上没有人能够掌握的高难度动作。

1980 年，在美国哈特福德体育馆，在金色光束的映照下，身穿乳白色体操服的李月久表演着一连串经典的高难度动作。他或是伸直臂膀，或是在空中翻滚，像是白色的丝带在自由地飘动。遗憾的是，由于单杠动作失误，他的嘴唇被杠子撞裂，牙齿撞断半颗，但他仍旧咬着棉团参加了后五项的比赛。在最后一项跳马时，血水迷住了眼睛，跳下时他又扭伤了脚腕。最后，国家队夺得了团体第一名的好成绩。当五星红旗在场馆中央升起时，他的泪水、血水、汗水交杂着，混合着，完美地解读了吃苦耐劳、忍辱负重的“月久精神”。

1981 年，在第 21 届世界体操锦标赛上，李月久凭借独树一帜的“720 旋”夺取了自由体操的金牌。他创造的自由操动作“侧空转体 90 度接前滚翻”，被国际体联命名为“李月久空翻”，这也是第一个以中国运动员命名的体操动作。

◎ 1980 年，李月久以满分 10 分的成绩获全国男子自由体操冠军，这是中国体操史上第一个满分。1983 年，在第 22 届世界体操锦标赛中，他与队友合作，为中国男子体操队首次夺得男子团体冠军。

黑人心中的“抒情诗”

● 身在异国他乡的黑人们，是怎样表达痛苦的心声的？ ●

在众多的流行音乐中，爵士乐是出现最早，并且是在世界上影响最广的一个乐种，也是音乐史上唯一能与古典音乐相提并论的一种音乐。它让音乐爱好者可以找到美国民歌小调、黑人哀乐怨曲以及各种村音俗韵的身影，被称为音乐的“鸡尾酒”。

那么，爵士乐是怎样诞生的呢？它是黑人抒发心中苦恼的抒情诗。

17~18 世纪，西方殖民主义者，将大批非洲黑人贩卖到美洲强迫他们劳动，使他们受尽剥削和压迫。在美国南部路易斯安那州的新奥尔良市，这些黑人十分怀念家乡，常常唱一种哀歌来表达痛苦的心声：他们三五成群地凑在一起，用土制的乐器随意弹奏，或用手边的什么器具随便敲打着节拍，既没有大家都要遵循的记谱或者和声，也没有任何技术方面的要求、限制等，就像一群人聚在一起聊天一样，随意、自由……早期，这些忧郁的歌曲仅仅是歌唱，后来才用吉他、斑鸠琴等器乐演奏。

1895年的一天，新奥尔良市的一名理发师巴迪·博尔顿在晚饭后，来到一个大广场溜达，被黑人的这种表演深深吸引住了。

“太美妙啦。时而低沉忧伤，如泣如诉；时而强劲高亢，激荡奔放……”理发师完全沉醉在黑人的演唱中。

天长日久，这位生活在底层的理发师，不仅爱上了它，还自发地组织了一支演唱队伍，在公园或广场露天义务演出，深受人们的欢迎，并渐渐产生了一定的社会影响。爵士乐终于“大模大样”地诞生了！

1917年，芝加哥的“老迪克西兰爵士乐队”，录制了一张唱片，第一次使用了“爵士乐”这个名称。从此，“爵士乐”这种在街头广场演唱的音乐，终于登上了大雅之堂。

可见，溯本求源，不论是理发师，还是芝加哥的乐队，只不过是爵士乐的“催生婆”，它的真正发明者应该是生活在民间的那群无名无姓的黑人艺术家。

◎ 20世纪30~40年代，爵士乐漂洋过海传到我国的上海。当时，上海就出现了相当规模的爵士乐队和一些很有影响的爵士乐音乐家。

我要去摇滚

● 在摇滚乐的发展史上，哪一首歌曲让比尔·哈利一举成名？●

20世纪下半叶，如果有什么东西构成了流行文化的主题，那就是摇滚乐。在短短的几十年间，摇滚乐创造了最辉煌的神话，诞生了像“披头士”那样影响世界的乐队，兴起了轰动一时的“朋克运动”。它那在迷幻灯光下进行的演出、那些癫狂痴醉的观众、情不自禁的欢呼声，使摇滚乐流行文化几乎披上了一层宗教色彩，被人崇拜着、讴歌着……

提起摇滚乐，我们必然会忆起“摇滚乐之父”比尔·哈利，他是这种乐曲的发明者或者说缔造者。

1925年，比尔·哈利生于美国密歇根州，父亲是纺织工人，会弹班卓琴，母亲是钢琴教师。比尔·哈利从小学习吉他，演唱乡村歌曲，也喜欢节奏布鲁斯歌曲，并于1950年成立“骑马人”乐队。比尔·哈利在演唱乡村歌曲的同时，偶尔发现用乡村音乐风格演唱节奏布鲁斯歌曲也能被白人听众接受。1953年，他把乐队改名为“彗星”，并有意识地把乡村音乐与节奏布鲁斯强劲有力的节奏结合在一起，这为摇滚乐的诞生奠定了基础。

1955年，电影《黑板丛林》的上映给摇滚乐的产生带来了巨大的影响。它讲述的是一群学生的故事。一位中学教师面对一群学生唱起了一首歌，这首歌就是影片的插曲《昼夜摇滚》。这首歌曲在青少年中引起了极大的轰动：它简单、有力、直白，特别是它那强烈的节奏，与青少年精力充沛、好动的特性相吻合；它无拘无束的表演形式，与青年人逆反心理相适应，这些特点使它一上映就立即受到了学生的热捧。1955年7月，《昼夜摇滚》在波普排行榜上获得第一名，这标志着摇滚时代的到来。它的演唱者比尔·哈利，也因此成了青少年崇拜的第一个摇滚乐偶像。从此，“我要去摇滚”成了校园流行语，摇滚乐开始风靡美国。

至今，摇滚乐令青年人一听就激动、颤抖，热血沸腾，忘情忘我地投入其中……

◎ 20世纪90年代以后，女性摇滚歌手开始引起人们的关注。其中像辛妮·欧康娜、“酸草莓”乐队等一些非英美国家的歌手及乐队，在欧美乐坛取得了极大的成功。

过一把“歌星瘾”

● 井上大佑发明卡拉 OK，真正动因是什么呢？●

卡拉 OK 是由“卡拉”和“OK”组成的。它的诞生，让普通人也能过一把“歌星瘾”。

1970 年，在日本西部神户一家俱乐部里，井上大佑先生在演奏键盘乐器，为唱歌的顾客伴奏音乐时，萌生了发明卡拉 OK 机的念头：怎样用一种自娱自乐的方式来“解放日本的男人”？

当时，日本的就业压力非常大，特别是男性，如果晚上下班早点回家，往往会被太太视为没有社交能力甚至没有前途的人：没有交际圈子，怎么给家里挣钱呢？于是，许多爱面子的男子，下班后就一群一群地去了小酒馆，并且总是在这家喝两盅马上又换另一家，一直要熬到后半夜；有的是醉宿街头，有的到家了就拿脚踢门，让邻居们都知道他刚回来，在外面的应酬有多么忙……

1971 年，井上大佑经过努力，终于发明了卡拉 OK 的原型机。那是以汽车立体声唱机加上麦克风、扬声器和硬币盒组合成的机器。这种卡拉 OK 机一上市就在日本流行起来。在 12 年里，井上大佑售卖用录音带演唱的卡拉 OK 机，给他带来了不菲的收入。这是他始料不及的，因为他的初衷只是想救赎压力下的男人。

1980 年，采用激光唱片的卡拉 OK 机出现，井上大佑组织全日本卡拉 OK 行业协会来宣传他的发明。果然，这一招很有成效，日本的歌厅、酒吧、旅馆、婚宴会堂、巴士上都装了卡拉 OK 机。他的发明再次受到人们的信赖和欢迎。因此，他获得美国哈佛大学的另类诺贝尔和平奖，理由是井上大佑“发明卡拉 OK，向人们提供了互相宽容谅解的新工具”。瞧，这一评价多么中肯、美好！

现在，对卡拉 OK“发烧”的年代已经过去，但它仍旧是人们所喜爱的一种娱乐方式，哪怕在家很多人也会自我陶醉地哼上几句，放松自己的心情呢。

◎ **卡拉在日本语中是“空”的意思，OK 是英文“无人伴奏乐队”的缩写。传到中国后，我们给它起了一个“土洋结合”的名字，便成了“卡拉 OK”。**